[美]拿破仑·希尔等 编著
宋犀堃 编译

羊皮卷

扫码收听全套图书

扫码点目录听本书

成都地图出版社

图书在版编目(CIP)数据

羊皮卷／(美)拿破仑·希尔等编著；宋犀堃编译. -- 成都：成都地图出版社有限公司, 2019.4(2020.6 重印)

ISBN 978-7-5557-1161-2

Ⅰ. ①羊… Ⅱ. ①拿… ②宋… Ⅲ. ①成功心理–通俗读物 Ⅳ. ①B848.4-49

中国版本图书馆 CIP 数据核字(2019)第 064602 号

羊皮卷
YANGPIJUAN

编　　著：	拿破仑·希尔等
译　　者：	宋犀堃
责任编辑：	游世龙
封面设计：	松　雪
出版发行：	成都地图出版社有限公司
地　　址：	成都市龙泉驿区建设路 2 号
邮政编码：	610100
电　　话：	028-84884648　028-84884826(营销部)
传　　真：	028-84884820
印　　刷：	三河市众誉天成印务有限公司
开　　本：	880mm×1270mm　1/32
印　　张：	6
字　　数：	136 千字
版　　次：	2019 年 4 月第 1 版
印　　次：	2020 年 6 月第 11 次印刷
定　　价：	35.00 元
书　　号：	ISBN 978-7-5557-1161-2

版权所有，翻版必究
如发现印装质量问题，请与承印厂联系退换

前 言

在纸张发明以前，西方国家的人们习惯把值得珍藏的智慧书写在羊皮卷上，借以显示这些传世经典在人们心目中的无上地位。

1925年，奥格·曼狄诺在美国东部一个平民家庭出生。完成了正常的教育后，便成立了家庭。28岁后，他无法再安于长久以来的平淡生活，开始像一匹脱缰的野马一样毫无理性地瞎撞，酗酒、打架斗殴、夜不归宿……无所不为。最终在一次冲动中犯下了不可饶恕的错误，并因此失去了家庭、工作和房子。

有一次，奥格·曼狄诺到教堂向一位神父忏悔自己的经历，并表达了自己悔改的决心。神父深受感动，给了他许多安慰。临别时，神父递给他一张小纸条，并说道："孩子，你要寻找的答案都在里面。"

回去后，奥格·曼狄诺打开纸条，只见上面罗列着15本书的名字：

《人性的弱点》（美）戴尔·卡耐基；《思考致富》（美）拿破仑·希尔；《唤起心中的巨人》（美）安东尼·罗宾；《最伟大的力量》（美）马丁·科尔；《思考的人》（英）詹姆斯·艾伦；《钻石宝地》（美）拉塞尔·康维尔；

《向你挑战》（美）廉·丹佛；《你是第一位的》（美）罗伯特·林格；《鼓舞人心的剪贴本》（美）阿尔伯特·哈伯德；《不要听别人的话》（日）堀场雅夫；《爱的能力》（美）艾伦弗·罗姆；《人生光明面》（美）诺曼文·森特·皮尔；《最伟大的励志书》（美）奥里森·马登；《自己拯救自己》（英）塞缪尔斯·迈尔斯；《投资自我》（美）奥里森·马登

奥格·曼狄诺跑遍全城的图书馆，借来了这 15 本书，夜以继日地反复研读。他依照着 15 本书所介绍的原则立身处世，终于在 44 岁的时候取得了成功。

当别人问他成功的原因时，他向人们展示了当年神父给他的纸条，并表示：这就是指引他成功的"羊皮卷"。

现在，我们从指引奥格·曼狄诺成功的 15 本书中选取了《思考致富》《唤起心中的巨人》《最伟大的力量》《钻石宝地》《最伟大的励志书》《投资自我》辑成一册。同时，为便于国内读者阅读，编者对部分原书重新进行编辑加工，适当增加国内读者喜闻乐见的身边的故事，以拉近本书与国内读者的距离。相信这部浓缩了人类智慧精华的人生锦囊一定会改变你的命运，助你走向成功。

2019 年 3 月

扫码点目录听本书

目 录
CONTENTS

第一篇　思考致富
靠欲望致富　　　　　　　　　　　　002
靠信心致富　　　　　　　　　　　　006
靠知识致富　　　　　　　　　　　　009
靠计划致富　　　　　　　　　　　　013
靠毅力致富　　　　　　　　　　　　020
靠决心致富　　　　　　　　　　　　022

第二篇　唤起心中的巨人
如何改变你的习惯　　　　　　　　　030
如何完善你的行为　　　　　　　　　037
如何开发你的潜能　　　　　　　　　042

如何了解他人想法　　　　　　　049

第三篇　最伟大的力量
选择的重要性　　　　　　　　056
选择你的财富　　　　　　　　065
选择你的环境　　　　　　　　070
选择你的幸福　　　　　　　　075

第四篇　最伟大的励志书
高贵品质是最大的财富　　　　082
获取财富的重要法则　　　　　087
正确思维引导美好人生　　　　094
积极进取就是力量　　　　　　101

| 珍惜时间，改变你的一生 | 106 |
| 永远不要抱怨工作 | 114 |

第五篇　投资自我

投资说话	120
唤醒自我	130
自我教育——阅读	141
巨额投资——养成完善自我的习惯	148
展现自我——在公共场合演讲	156
塑造自我——投资仪表	163
依靠自我——推倒成功的最大障碍	168
守护自我——走向成功和幸福	177

第一篇

思考致富

[美] 拿破仑·希尔

扫码收听全套图书

扫码点目录听本书

靠欲望致富

5年的时间，巴尼斯在苦苦寻觅等待的机会出现后终于脱颖而出。在那些苦苦等待的时间中，没有任何迹象表明他的愿望会实现，除了他本人以外，每个人都认为，他只不过是爱迪生企业结构中一个不起眼的角色罢了。但巴尼斯可不这么想，从他开始在此工作的第一天起，他便自认为是爱迪生的事业伙伴。

这个不平凡的例子证明了坚定明确的意愿具有无穷的力量。巴尼斯完成了他的目标，因为他别无所求，一心一意只想成为爱迪生的事业伙伴。他拟订一套完整的计划，并按计划达到目标。同时，他也破釜沉舟，切断一切退路。支撑他的就只是心中的信念，直到这股成功的欲望成为引导他的生命之舵，并且最终成为现实。

当他抵达橘市时，他不是对自己说："我将尽力说服爱迪生随便给我个工作。"而是告诉自己："我要见爱迪生，并让他知道，我是来和他一起经营事业的。"

他没有说："我先试着在那工作几个月，如果没有进展，我就辞职去别处找工作。"而是说："我可以从任何地方开始。在我成功之前，我可以做爱迪生交给我的任何工作。"

他没有说："我还要留意其他机会，以防我无法在爱迪生机构中得到我想要的。"而是说："我这辈子只有一个心愿，就是成为托马斯·爱迪生的事业伙伴。我愿破釜沉舟，断绝一切退路，用我的未来做赌注，去争取我所要的。"

他不给自己留半点退路。他必须成功，否则就是死路一条。巴尼斯就是靠这点成功的。

很久以前，一位将军率领士兵对抗极强悍的敌人，结果大获全胜，那么他到底是怎么做的呢？当时，敌方人数远超过他们，可是他一点也没有畏惧，他命令士兵上船，驶向敌国。到达后，他卸下士兵和装备，即下令烧毁这些船只。第一场战役前，他对士兵说："你们都看到了，船已付之一炬，只有获胜，我们才能活着离开。现在，我们别无选择——不是胜利，便是灭亡。"

结果，他们胜了。

任何想成功的人，都必须要有破釜沉舟的决心，且斩断后路。唯有如此，才能拥有那种渴望胜利的炽烈欲望，而那正是保证成功的根本要素。

1. 财富的驱策力

"芝加哥大火"发生后的第二天上午，一群商人站在斯代特大街上，看着已变成了残垣废墟的商店，开始讨论是重建还是离开芝加哥，到其他更具潜力之处另起炉灶。后来，他们一致决定离开芝加哥，除了一个人。

决定留下重建的商人——马歇尔·菲尔德，指着自己商店的瓦砾碎片说："各位，不论还有多少次像这样悲惨的可能，我都要在这里盖起全世界最大的商店。"

50年后，他做到了。而且直到今天，那座大楼还在那里，它像一座高耸的纪念碑，象征着炽烈欲望的心灵力量。马歇尔·菲尔德当时当然也可以有其他选择，就像他的商人朋友们所做的一样，当路途崎岖难行，前途渺茫时，他们便抽身而退，选择一条看来似乎较好走的路。而当时只有马歇尔·菲尔德，选择了这条崎岖难行的路，但也只有他成功了。

好好记住马歇尔·菲尔德和其他商人之间的差异，因为，正是这种差异造成了巴尼斯与其他年轻人的区别，也形成了成功者与失败者的区别。

2. 欲望变黄金的六个步骤

一旦了解到金钱的作用，谁都会祈愿拥有它，但光"祈祷"是不会带来财富的，关键是要把对财富充满"欲望"的心态，变成"唯一的信念"，然后制订出追求财富的明确方案与计划，并且以绝不认输的毅力来实施那些计划，如此一来，便会带来财富。

把对财富的欲望转化为实际的财富，包含六个明确而实际的步骤：

第一，想好自己渴望拥有多少金钱。只说"我想要有足够的钱"是不够的，其数目一定要明确（这种明确性有其心理学的道理，后面的章节里会有所涉及）。

第二，想清楚得到这些金钱必须付出的代价（天下可没有"免费的午餐"）。

第三，设定你决心赚到这笔金钱的明确日期。

第四，拟订达成目标所需的明确计划，并立即付诸行动。

第五，用纸笔记录下以上四点。

第六，每天大声朗读此计划两次，睡前一次，起床后一次。朗读时，试着让自己看到、感觉到，并相信已拥有这笔金钱。

无论如何，你必须确实遵循以上六个步骤，尤其是第六个步骤。你也许会抱怨，因为在你并未实际得到这笔钱之前，你不可能预见自己成功后是否会有钱。此时，就需要有炽烈的欲望来激励你。 如果你真的十分强烈地渴望有钱，你需要将你的这种欲望演变为坚定不移的意念，你要毫不怀疑、深信自己会得到它。 你的目标是要得到这笔钱，你必须强化自己的决心，这就会使你自己"相信"你一定会得到它。

靠信心致富

自我暗示有助于我们将欲望转化为财富，而这种自我暗示其实就是信心。信心是一种心理状态，它可借不断肯定的潜意识或反复提示而产生，亦即通过自我暗示而产生或创造自信心。

举例来说，想想你读此书可能的目的，即寻找实现梦想的方法。遵循有"自我暗示"和"潜意识"章节的指示去做，你便能使自己深信自己将会获得所求的一切，同样的，你的潜意识也会回传给你一股"信心"，帮助你实现愿望。

很难描述如何培养人的信心，因为这就像给一个从来没看过颜色的盲人描述红色一样，描述时没有参照物。信心是一种心理状态，当你熟悉本书所述的13项原则后，你便可依自己的意志去产生它，因为它就是通过运用这些原则，随意志而产生的一种心理状态。

不断地向潜意识发出肯定的信号，是促使信心情绪自发形成的唯一方式。如果不断地向潜意识传送信号，它们最终都将被接受，并由潜意识做出回应，进而以最实际可行的步骤，去实现愿望。

有关这点，请再想想这句话：所有情感化的（被赋予感觉的）意念，如果有信心的支持，将立即转化为与之相等的物质报酬。

意念中的情感或"感觉"的部分，能赋予意念活力和生命，并使我们为之付诸行为。

请记住，凡是融合了任何积极正面的或消极负面的情绪的意念，都会到达并影响我们的潜意识。

1. 没人"注定"一生倒霉

如果消极负面的情绪不断被传送至潜意识，潜意识会回应做出消极的行为。这点足以解释数百万人经历的所谓"不幸"或"倒霉"的各种情况。

有数百万人相信自己"注定"贫穷失败，而且他们自己无法控制。其实不幸是他们自己创造的，因为他们具有消极、负面的信念，当它传至潜意识时，就会转化为实质的对等物。

因此，我们再三强调，如果你不断地将任何你希望能转化为实物或金钱对等物的欲望传达至潜意识的话，你便终能获益，因为处在那种期望或深信的状态下，你真的会产生变化。信念或信心使潜意识采取行动。当你通过自我暗示下达命令时，没有任何东西能妨碍你"说服"自己的潜意识。

要使这种"说服"更真实，就要在你叩响潜意识之门时，表现得仿佛你已拥有梦寐以求的实质物品一样。

有信心时下达的任何命令，潜意识都会以最直接且切实可行的方式，来执行这项命令，使其转化为实质的对等物。

当然，我已说了许多，为你做好了心理准备，可以开始通过亲身体验或行动，去获得将信心与任何传至潜意识的指令相融合的能力。所谓熟能生巧，你必须在实践中操作，光靠阅读这些指示是得不到效果的。

由积极正面情绪主导的心灵，有利于信心的产生，以此种方式主导的心灵，可随意对潜意识下达命令，潜意识会立即接受并采取行动。

2. 自我暗示引发信心

"信心"是一种可以经由自我暗示引发出来的心理状态，我们将用通俗易懂的文字，叙述有关此项原则，希望能帮助缺乏信心者产生信心。

- 相信自己，信任永恒。
- 开始任何事之前，提醒自己一次：信心是一剂"永恒的特效药"，它为意念冲动注入生命、力量和行动。

以上句子值得你读上2遍、3遍，甚至4遍，并且应该大声朗读！

信心是聚积财富的起点；信心是所有"奇迹"以及科学无法解释的一切神秘事物的基础；信心是治疗失败的唯一良药；信心是一种元素，一种"化学成分"，当它与冥想融合时，能使人产生无穷的智慧；信心是一种要素，能将人类有限心灵所创造的平凡意念转化为对等的精神力量；信心也是一种媒介，只有通过它，人们才能掌握并利用智慧的力量；这些并不是空话套话，当你真的这样去有信心地面对一切时，你会发现它们真的很对。

靠知识致富

第一次世界大战期间,一份芝加哥报纸刊登了某些社论说亨利·福特是"无知的和平主义者"。福特先生知道后,对这种说法感到非常生气,并控告该报纸毁谤他。当法庭在审判此案时,报社律师为了证明报社的言论,坚持让福特本人走上证人席,目的是想向陪审团证明福特的无知。律师问了福特许多问题,所有问题都旨在由福特自身证实。虽然福特可能有相当多关于汽车制造专业方面的知识,但对所有其他方面的知识而言,他显得很无知。

福特当时被问到的问题如下:

"谁是本尼迪克特·阿诺德"以及"1776年,英国派遣多少士兵到美洲平息叛乱"。他回答第二个问题时,福特先生说:"我不清楚英国派遣的士兵的准确数目,但我听说,去的数目要比回来的数目大多了。"

最后,福特对一连串无聊的问题感到不耐烦了,在回答一个相当具有攻击性的问题时,他身体向前倾,用手指向发问的律师说:"你的这些问题真的愚蠢透了,如果我真想回答,那么我告诉你,我只要按前面的这些电钮,就立刻能招来助理人员协助我,回答你任何想问的有关一切的愚蠢的问题。现在,你能否回答我,当我周围随时有人能为我提供我所需的任何知识时,我为什么要塞一堆普通知识在脑中呢?"

福特的那个回答的确充满逻辑和智慧。

那个回答也难倒了发问的律师。法庭上的人一致认为,能回答的人，绝非无知之人，而且他的见识过人。真正有学问的人知道从哪里获取知识，也知道如何把知识组织成明确的行动计划。通过"智囊团"的帮助，亨利·福特掌控了所有他需要的知识，创造了一番不平凡的事业。因此，他根本没有必要自己去掌握全部知识。

1. 你能得到所需要的任何知识

拥有提供服务、商品或职业等方面的专业知识，是你将自己的能力和欲望转变为金钱对等物的前提，只有这样你才能借以获取财富。或许你所需要的专业知识远超过你的能力或喜好，如果真是这样的话，你可借助于"智囊团"，以弥补自己的不足。

安德鲁·卡内基也曾坦言，就个人而言，他对钢铁技术方面的知识知道得并不是很多，同时，他也并不特别想知道这些。因为他认为他所需要的钢铁生产和销售的专业知识都可借"智囊团"获得，所以完全没必要他自己去掌握。

积累财富需要有高度组织与睿智指导的专业知识，但是，真正成功积累财富的人，却不需要完全具备这类知识。

有些人本身并未受过必要的"教育"，没有足够的自身工作所需的专业知识，但他们却充满了发财致富的雄心壮志，对这类人来说，前面的文字一定让他们受益匪浅。也许有些人因没受过"教育"而感觉十分自卑，但其实，一个人若懂得组织且领导一个掌握积累财富专业知识的"智囊团"的话，他就能拥有同样的知识。如果你因为所受的学校教育有限，总是感觉自卑，那么记住这点对你非常重要。

托马斯·爱迪生一生也只接受了三个月的学校教育，但他不仅有知识，而且也没有死于贫困。

亨利·福特的教育程度很低，连六年级都没读到，但他却凭借后来的努力，终于取得斐然的成绩。

你有时并不需要自己全部掌握它们，因为有很多具备此条件的人能为你服务。

2. 如何获取知识

首先，确定你所需的专业知识以及需要它的目的。你的人生目的、你不懈努力的方向，都有助于你决定你所需要的知识。然后，你需要了解那种知识来源的途径和方法。以下是一些重要来源：

①个人获得的经验和教育。
②可通过与他人（智囊团）的合作获取经验。
③就读的学校。
④公共图书馆（书籍和期刊或经别人整理的知识）。
⑤特殊培训课程（尤其是夜校和函授学校）。

获得所需知识后，组织整理你所需要的部分，并且通过实际计划，应用它来达到你的目标。你除非将知识应用于有价值的目的，否则便徒劳无功。

如果你想进一步接受学校教育，先确定你寻求这些知识的目的，然后经由可靠来源寻找能获得这种特殊知识的方法，以便你在学校能更快掌握它。

成功的各行业人士，他们都永不会停止吸取和其目标、生意或职业有关的专业知识。不成功的人通常存在一种错误观念，他们认为从学校毕业就代表不需要再学习新的知识了。事实上，学校教育只是教给你获取知识的方法而已。

在这个经济萧条且变化莫测的世界,教育也急需变革。现在这个社会讲求的是"专业化"。在一则新闻报道中,罗伯特·莫尔(前哥伦比亚大学就业辅导中心主任)就特别强调这一点。

靠计划致富

1. 第一个计划失败——再试一个

如果你采用的第一个计划不成功,再拟一个新的,假如再一次失败,那么再换一个,以此类推,直到找到有效的计划为止。大部分人之所以失败是因为他们缺乏创造新计划来取代失败计划的永久毅力。

没有实际有效的计划,即使是最聪明的人也无法成功致富或完成其他任何事业。这点要始终牢记,而且,当计划失败时要记住,短暂的挫折并不代表永远的失败。它可能仅意味着你的计划还不够完善。不妨再拟另外的计划,再来一次。

托马斯·爱迪生在发明白炽灯以前"失败"过10000多次。也就是说他在成功前经历了10000多次的挫折!

挫折只意味着你计划还有不足之处,并不意味着你永远无法成功。数百万人终生不幸、贫困,其实只是因为他们缺乏致富的完善计划罢了。

亨利·福特积累了大量财富,不是因为他有聪明的头脑,而是因为他采纳并实行了一个正确的计划。在我们之中不难找出这样的人——他们都受过比福特更好的教育,但依然贫困,主要是因为他们缺乏一个积累财富的正确计划。

你的成就永远只在你的计划之内。这个论述似乎是个公理,但却是事实。萨缪尔·因苏尔的财富基于一个正确的计划,但经济萧条迫使因苏尔改变了他的计划，并且这种改变带来了"暂时的挫折"，因为他所采用的新计划并不完善。因苏尔先生现在已经是个老人，他可能觉得那次是个"失败"而不只是"暂时的挫折"，而导致他失败的原因是他没有重建计划的毅力之火。

没有人会失败，除非他心里已放弃了。

但是失败却经常出现在我们身边，因为人们太容易在刚刚出现挫折迹象时就"认输"了。

詹姆斯·希尔在开始努力筹措资金，建造横贯东西部的铁路时，也曾遭遇过暂时的挫折，但后来，他并未承认失败，而是不断地建立与完善他的计划，并且通过新计划成功了。

亨利·福特在汽车事业之初以及在事业几近巅峰之时，都曾遭遇过暂时的挫折，但他总是重新拟订计划，不断朝成功靠近。

当我们看到他人致富时，通常只看到他们胜利的一面，而忽略了他们在成功前所克服的各种挫折。

支持这一哲学的人，总需经历一些"暂时的挫折"，才能更好地走上致富之路。遭遇挫败时，你应把它当成是一种警讯，提醒你的计划未臻完善，只要再重新拟订计划，你便会再次奋起，奔向你渴望的目标。如果你在达成目标前就放弃，你便是个"半途而废的人"，永远不会成功。

"一个半途而废的人永远不可能成功；成功的人，绝不会半途而废。"用大字将这句话写在纸上，并置于你早晨上班前、晚上睡觉前都看得到的地方。

2. 规划个性化服务销售计划

本章剩下的内容是介绍推销个性化服务的途径和手段。这将对任何一个推销个性化服务的人有实际价值，但对那些想要拥有领导力的人而言将有更大价值。

对于任何想赚钱的行业而言，聪明巧妙的计划是必不可少的。对于必须凭借推销个性化服务来赚钱的人，这里有一些详细的提示。

大家应该知道，所有累积巨额财富的人，实际上不是因为他们多有能力，而是因为他们能提供个性化服务或销售构想。如果一个人什么资本也没有，那么他除了销售构想与个性化服务以换取财富之外，还有其他什么办法呢？

概括来说，世界上有两种人，一种是领导者，另一种就是追随者。在选择时，一开始就要决定好，自己要做一名领导者还是一个追随者。二者的报酬差距很大，领导者获得的报酬，是追随者永远想不到的，虽然有许多追随者都会愚蠢地幻想自己最终也能获得这种报酬。

当一名追随者并没有什么不好，但另一方面，一直当追随者就不太明智了。大部分的领导者也都是从追随者开始做起，而他们能成为领导者，在于他们是聪明的追随者。无法聪明地跟随领导者的人，则几乎成不了领导人。而能从领导者那里学习到东西的人，则通常最能迅速培养出领导才能来。聪明的追随者能获得不少好处，其中一项就是，从领导者身上学习许多自己不具备的本领。

3. 领导者的主要特质

下面是领导者必备的重要因素：

①了解自我以及所从事的职业，并由此产生坚定的勇气。没

有任何一位追随者愿意追随缺乏自信与勇气的领导者。而且聪明的追随者不会长期跟随领导者。

②自制力。无法控制自我的人也难以控制他人。自制力是领导者必须具备的一项基本品质，聪明的人会努力学习这一点。

③敏锐的正义感。如果没有公平与正义感，领导者便无法指挥追随者，并受到尊敬。

④明确的决策。政策摇摆、举棋不定的人是对自己没信心，所以这种人根本无法成功地领导他人。

⑤明确的计划。成功的领导者必须规划工作，并坚决地去执行计划。若一个领导者只凭想象办事，而没有实际、明确的计划，那么整个团队就像一艘无舵的船，迟早触礁。

⑥不计报酬的工作习惯。领导者必须以身作则，甘愿比手下人做得更多。

⑦愉悦随和的个性。成功的领导者，没有一个是邋遢、草率的，他们都有一定的人格魅力。领导权离不开尊重。不重视培养愉悦随和个性特质的人，下属是不会尊重他的。

⑧同情与体谅。成功的领导者必须对下属有同情心，且能经常体谅下属的难处。

⑨掌控细节。成功的领导者需清楚其地位的每个细节。

⑩愿负全责。成功的领导者必须愿意为下属所犯的错误及过失担负全部责任。如果他想推脱责任，那么他的领导权则会不保。假如下属中有人犯错或无法胜任他的职位，领导者则应当将错误归于自己，因为这是他领导的不得法。

⑪合作。成功的领导者必须了解团队合作的重要性，并引导下属也这样做。领导地位的支撑需要权力，而权力的支撑则需要

合作。

领导方式有两种。第一种即最有效的领导，它能够引起下属情感共鸣与认同。第二种，则是不会引起下属情感共鸣与认同的霸道领导。

历史上许多例子已经证明，霸道领导权不会持久。帝王与独裁者的没落与消失，就是最明显的例子，这说明人们不会永远盲从霸道领导。

世界进入了一个需要更新领导者和追随者关系的新时代，在经济和工业中我们都需要一种新的领导力。那些旧的霸道领导者必须对新的领导力进行充分的理解（合作），否则他们将被新体系所抛弃而沦为追随者。这对他们而言别无选择。

未来，雇主与雇员或者领导者与追随者之间的关系是基于商业利益公平分配基础上的相互合作的关系，并且雇主与雇员间关系也不会再像以前那样。

拿破仑、德国的恺撒·威廉、俄罗斯沙皇以及西班牙国王等人便是霸道领导的代表。此类人物不胜枚举，你可以从经济、财政和政治领导者中找出很多那些霸道领导者，而现在他们都遭到了罢黜或强烈指责。追随者认同的领导权才是唯一能长存的领导方式！

人们可能会暂时顺从霸道式的领导，但并非心甘情愿，这就是霸道领导权最终会消失的原因。

4. 领导失败的10大主因

我们现在来探讨一下导致领导失败的10项原因，因为成功的领导必须要避免这些。

①无力控制细节。 有效率的领导者必须能够组织与控制细节。 一位真正的领导者绝不会因"太忙"而无法做其分内的工作。 不管是领导者还是下属,若说自己因为"太忙"而无法改变计划,或无法注意到细节的话,就等同于承认自己无能。 成功的领导者必须要能处理好任何在他工作范围内的细节事务。 当然,他也必须能识人用人,将那些琐碎的工作有条理地分配给别人去做。

②不愿从事细微的工作。 真正伟大的领导者会根据情况,以身作则,主动从事任何他要求下属所做的工作。 "最伟大的领导者甘愿做公仆",任何优秀的领导者都会注意到这点。

③期待靠他们的"知识"而非靠他们的"行动"而有所得。世界上没有靠"所知"而获得报酬的。 得到报酬的是那些肯力行,或能督促别人去力行的人。

④害怕下属超过自己。 时刻担心下属取代自己的领导者,实际上早晚会让此担心成为事实。 真正的领导者会训练接班人,且乐意将此职位的任何细节告诉给他。 只有这样领导者才能兼顾其他,且同时注意到多项事务。 有能力交托他人办事者,他所得的报酬往往比靠自己去做这些工作所得的报酬多,这是事实。 有能力的领导者可通过自己的工作知识与人格魅力,提高他人的工作效率和工作量。

⑤缺乏想象力。 缺乏想象力,是指领导者没有应对紧急状况的能力,而且也没有创造出高效领导下属的计划的能力。

⑥自私。 时刻想把下属的功绩归为自己,当然,这样的领导者一定会遭到下属的反对的。 真正伟大的领导者不会邀功,他愿意将荣耀归功于下属,因为他知道,人们都会因赞赏与肯定而更加

卖力工作，赞赏与肯定对人的作用往往比金钱更大。

⑦放纵无度。 下属不会尊重一个放纵无度的领导者。 此外，任何一种放纵都会破坏下属的耐力与活力。

⑧不忠诚。 对下属忠诚是领导下属时最重要的一点。 领导者如果对别人和自己的事业不忠诚，必将不会受到别人的尊重，甚至会因此受到别人的蔑视。 这点不仅体现在领导艺术中，更体现在生活的各个方面。

⑨强调领导"权威"。 "得人心者得天下"，有能力的领导者会以鼓励而非威慑的方式来领导下属。 试图在下属心中巩固"权威"的领导者，是霸道的。 真正的领导者不刻意彰显自己的权威，他们只以行为表现，如同情、体谅、公正以及对工作的胜任等。

⑩重视头衔。 能干的领导者不是靠头衔来使下属敬重他的。太注重头衔的人，通常是因为他别无其他夸耀之处。 真正的领导者，其办公室的门是随时敞开的，而且他的工作区域是不拘形式的、朴实的。

以上是领导失败的原因中较常见的一些，符合其中任何一项都可能将失败。 假如你立志要当领导者，那么请认真研究这些因素，并确定自己不会犯这些错误。

靠毅力致富

当你打算遵循书中传达的意见时，当你开始遵循本书所描述的六大步骤时，便是对你毅力的首次考验。除非你是那2%中，即有明确目标且有明确计划的人，否则你很可能在读了这些指示后，仍旧继续日常的惯例行为，忽视指示中的意义。

1. 你有"金钱意识"还是"贫穷意识"

断断续续或偶尔努力应用这些原则是很难实现目标的。你必须一直应用所有的原则才会有理想的结果，直到它们成为你的习惯为止。除此之外，你还需要培养必要的"金钱意识"。

贫穷往往趋向安于贫穷的人，同样，金钱则向追求它的人靠近。贫穷意识会自动攫取金钱意识的心灵。贫穷的发展是很容易的事情；而金钱意识的产生必须要努力培养，并使其处于发号施令的位置上，除非一个人是生来便有金钱意识。

掌握以上叙述的意义，你便能了解毅力对于致富的重要性。缺乏毅力，将很难成功，甚至在事情还未开始前，便已被打败。有毅力的人，才可能会赢。

假如你经历过梦魇，你就能了解毅力的重要作用。想象你正躺在床上，半睡半醒着，感觉自己就要窒息而死。你无法翻身或控制任何一条肌肉，但你还是有意识地去重新控制自己的肌肉，并通过意志力不断地努力，你终于设法移动了一只手的手指。你继续移动手指，努力将控制力延伸到一只手臂的肌肉，直到你能够活动。然后用相似的方式，去努力控制另一只手臂。接下来，你终于能控制一条腿，然后再扩展到另外一条腿。最后，以一股无比的意志，你重获了对肌肉完全的控制，并挣脱出了梦魇。你终于走向了成功。

2. 如何"快速挣脱"精神怠惰

有时候你可能会发现，想要"快速挣脱"精神怠惰状态，也需要上述的方法。开始时，一点一滴地前进，然后逐渐加速，直到完全掌控意志。刚开始，无论进展有多慢，都要坚持下去。只有这样才能取得成功。

精心挑选"智囊团"的成员时，其中至少要有一位能协助培养你的毅力的人。他们之所以能培养出毅力，往往是为环境所迫，而不得不坚持到底。

毅力没有替代物！请记住这点，即使在进展似乎很困难、很缓慢时，你也要坚定地走下去。

有毅力的人，往往能免于失败。他们无论受挫多少次，总能从头再来，并最终达到巅峰。有时候，人生似乎在冥冥之中专门以失败的经历考验着每个人。那些挫败后还能继续努力的人，终能抵达终点接受世人的欢呼："太棒了！我就知道你能做到！"没有毅力的人往往难以成功。无法承受考验的人，就难以取得成就。

而那些经得起挫折考验的人，终会获得丰富的报酬。不只获得了财富，他们还获得了比物质报酬更重要的东西，即"每次失败蕴藏着一颗带来同样利益的种子"。

靠决心致富

1. 下决心的秘诀

大部分无法积累足够的金钱以供所需的人,往往很容易受他人意见的影响,他们让报纸和别人的闲话来代替他主动思考。"意见"是最廉价的商品。 每个人总有一箩筐的意见可以提供给任何想征求意见的人。 假如你做出的决定总受他人意见影响,那么,你在任何事业上都很难成功。

如果你让别人的意见影响你,那么你根本就不会有希望成功。

当你开始实行这些原则时,要对自己所下的决心及实施这些决定保守秘密。 除了你的"智囊团"成员以外,别轻易相信任何人,并确定你选的"智囊团"成员都是那些认同你的目标并愿意协调的人。

你的朋友或亲戚虽然不是有意的,但他们的"意见"和有时候会阻碍你走向成功。 许多人终生自卑,往往就是因为有一些怀着善意但实际上无知的人,通过他们的"意见",毁了你的自信。

你有自己的头脑和思想。 并且用它做出决定。 在许多可能的情形下,如果你需要从他人身上获得必要的信息以使自己能下决心,那么你最好能够不动声色地去收集。 千万别暴露自己的目的。

一知半解、学问浅薄的人有一种特质就是,总给人的印象是很博学的人。 这种人通常说得很多、听得太少。 如果你想养成果断下决心的习惯,那么就睁大眼睛,竖起耳朵,尽量少说话。 说话的巨人通常是做事的矮子。 如果你说的总比听的多，你不但会让自己失去了吸收有用知识的机会，而且还可能会向那些嫉妒你、经常攻击你的人泄露了自己的计划和目的。

同时要记住，每当你在一个博学的人面前开口时，而你也同时在向他暴露你肚里装有多少墨水，这样做没有意义。 真正的智慧通常通过谦虚与沉默表现出来。

记住一个事实，即每个与你共事的人，其实也和你自己一样，都在寻求发财致富的机会。 如果你过于随便地谈论自己的计划，你可能会发现，有人已捷足先登，比你先一步达到目标了；而他之所以成功，恰恰是用你之前泄露的计划。

因此，你要做的第一个决心应是：守口如瓶、竖起耳朵并睁大眼睛去倾听和观察。

为了提醒自己恪守这些忠告，不妨将以下警语，大而醒目地写下来，贴在你每天能看得见的地方："在告诉世人你的意图之前，先做出来！"

这句话也可以说成："说得好不如做得好！"

2. 要自由还是死亡的决心

决心的价值在于能够为你的成功具备一种坚毅的勇气。 推动发展作出的决心，经常都是冒着生命危险做出的。

林肯决心发表旨在使美国黑人获得自由的那部著名的《解放奴隶宣言》时，已经明白这样做可能会使朋友及支持者都弃他而去。他也知道，宣言的实施将意味着成千上万人在战场上牺牲。 最终，林肯为此以自己的生命为代价。 这是需要极大的勇气的。

苏格拉底宁可服毒也不肯放弃自己的信仰，这个决定充满巨大的勇气。 它极大地推动了人类历史的发展，并给予当时以及后来的人留下了宝贵财富。

罗伯特·李将军脱离联邦，继续坚持南方理念的决心，这个决心也很勇敢，因为他深知那可能使他丧命，并且使许多人命丧战场。

但就任何美国人而言，最伟大的决心莫过于1776年7月4日这一天，一项在费城做出的历史性的决定，当时有56个人在一份文件上签下自己的名字，而他们也深知那份文件，要么会为全美国人带来自由，要么就是他们自己上绞架！

我们很少听过这份著名的文件，或者即使听过也没能从中有所领悟，它反映了有关你个人成就的重要原则。

我们都记得这份重要文件的签署日期，但对下定那个决心所需的勇气我们却了解得极少。 我们所记得的历史，只是课本上学到的；我们记得日期，记得为自由而战的勇士的名字；记得福吉谷和约克镇；乔治·华盛顿和康华利爵士我们当然也记得。 但我们却很少了解这些人名、日期和地点背后所蕴含的真正意义所在。 我们更不知道早在华盛顿的军队到达约克镇前，就有无形的力量推动胜利的到来。

我们都了解美国独立战争的历史，并且理所当然地认为乔治·华盛顿就是"美国之父"，是他为美国人赢得了自由，其实只是一个副手，事实是华盛顿的军队的胜利在康华利爵士投降以前自由和胜利就有了保证。 这并不是说要贬低他的伟大功绩。 而在于使人们更多地注意使他成功的真正原因——一股巨大的力量。

历史学家们遗漏，甚至只字未提这股不可抗拒的力量，真是个悲剧，那股力量正是赋予这个国家生命与自由的力量，并使该国为世人设立了新的独立的榜样。 我之所以说这是个悲剧，是因为那股力量乃是每个人在克服人生困难时所不可缺少的，而且也是生活的回报时必须付出的力量。

简单回想一下产生这股力量的一些关键事件。 故事开始于

1770年3月5日波士顿的一个事件。当时英军在街道上巡逻，对市民进行公然威胁。殖民地居民憎恨耀武扬威的武装士兵。他们公然泄愤，对行进中的士兵投以石块和侮辱字眼，直到指挥军官命令："上刺刀，进攻！"

战争就这样开始了。并且造成了许多死伤事件。这次事件引发了民怨，以致地方议会（由知名殖民地居民所组成）都召开会议决定采取行动。约翰·汉考克和塞缪尔·亚当斯是议会中的两位成员（他们的名字永垂不朽），他们积极发言，并主张应采取行动，将所有英国军队逐出波士顿。

记住这点——这两人的决定，也可以说这是美国人现在享有的自由的开端。也要记住，这两人做出这个决定所下的决心需要信心和勇气，因为这个决心会让他们冒极大的风险。

会议结束前，塞缪尔·亚当斯被派去拜访当地总督哈钦森，要求撤走英国军队。

要求得到批准后，军队撤出了波士顿，但事情并未就此落幕，它引发了注定改变整个文明趋势的态势。为何在看似并不重要的态势下开始发生如此巨大的改变了难道不奇怪吗？那些重要的变化往往从表面上看起来很有趣，而那些变化通常源于少数人头脑中的明确的决策。而对美国历史却很少有人能真正了解并意识到约翰·汉考克、塞缪尔·亚当斯和理查德·亨利·李（弗吉尼亚议会主席）才是名副其实的"美国之父"。

3. 组建智囊团

理查德·亨利·李是一个鼎足轻重的人物，因为他和塞缪尔·亚当斯经常联系（以书信方式），彼此分享对于前途的忧虑和对地方民众福祉的希望。经由这种方式，亚当斯忽然意识到，在13个殖民地中互相交流信件或许有助于产生出解决他们问题的办法。

波士顿与士兵发生冲突的两年后（1772年3月），亚当斯向议会提出一个构想，即在各殖民地间建立一个通信委员会，明确指派各殖民地的通信员，"目的在于改善英属美洲的殖民地而友好合作"。

应该记住这个事件！那就是注定给予美国人自由的广泛力量组织的开端。智囊团已经形成了。亚当斯、李和汉考克也是其中的成员。

不久通信委员会成立了。需要注意，这个行动提供了一条增强"智囊团"力量的途径，它汇集了所有殖民地居民的力量。还要注意，这个程序构成了不满英国殖民统治的殖民地居民第一个条理分明的计划。

团结就是力量！殖民地居民以前对抗英军时一直缺乏一个统一的组织，例如通过类似波士顿的暴动事件，但却一直得不到有力的回应。他们个人的委屈不满已在智囊的组织下被整合起来。直至亚当斯、汉考克和李团结在一起以前，没有任何一个团体，将他们的心力、思想、灵魂和身体紧密相连，在统一的决心下，为了自由而抗争。

同时，英国当局方面也没有闲着。他们也为了自己的理由在做计划和组成"智囊团"，而且，他们又有许多得天独厚的条件：金钱和组织有序的军队。

4. 改变历史的决定

英国皇室任命盖奇取代哈钦森担任马萨诸塞州的总督。新总督首先这样行动，便是派信差拜访塞缪尔·亚当斯，想通过恐吓的方式来迫使他屈服。

当时的情景，我们可以由芬顿上校（盖奇派去的信差）和亚当斯的对话获得最佳的了解。

芬顿上校："亚当斯先生，盖奇总督授意我向您保证，已充分授权总督，能给予令你满意的利益（以金钱承诺拉拢亚当斯），但您必须允诺停止一切反对政府法令措施的行为。 先生，总督劝您，别再惹陛下不悦，您这样做极有可能遭受《亨利八世法案》的惩罚。 依照法律，地区总督可自行决定送人至英国接受叛国罪或知情不报等重罪。 但如果您改变您的观点，则不仅可获得重利，还可与国王互不干涉。"

塞缪尔·亚当斯当时有两条路可以选择。 要么他可以停止一切反对行动，接受荣华富贵；或者他继续对抗，但却面临着绞刑的危险！

很显然，亚当斯已面临被迫立即做出关键性的决定的时候了。 大多数人都很难做出这样的决定。 可能选择做出模棱两可的回答，但亚当斯却没有选择这样做他坚决要芬顿上校保证，将他的回答准确如实讲给总督听。

亚当斯的回答是："那么你可以告诉盖奇总督，我相信一直以来，我一直与国王和平相处。 任何个人方面的因素都不会使我放弃整个殖民地人民的理想。 而且，请您告诉盖奇总督，这是塞缪尔·亚当斯对他的劝告，千万别再侮辱和激怒民族的感情。"

对这个人品格的过多评论似乎显得多余。 但很明显，任何人听到这样惊人的回答都会看到他对自己崇高理想的忠诚。 这才是重点（骗子和政客们已经窃取了像亚当斯这样的人物的荣誉）。

当盖奇总督听到亚当斯如此尖锐的回答时，顿时暴跳如雷，并发出声明："我在此奉陛下之名，保证特赦那些立刻放下武器的人，重新归为顺民者。 唯一不得享此恩赐的是塞缪尔·亚当斯和约翰·汉考克。 他们罪大恶极，除施予应有的惩罚以外，别无选择。"

从当时的情形来看，亚当斯和汉考克可以算得上是"危机四伏"，总督的威胁迫使两人做出另一个同样危险的决定。 他们连忙召集最忠诚的伙伴召开秘密会议（至此，智囊开始发挥作用）。会议开始后，亚当斯锁上了大门，将钥匙放入口袋，然后告诉出席者，组织殖民地自己的国会已是非常迫切的需要，而且还告诉他们，在达成组建国会的决定前，任何人不得离开房间。

当他讲完后现场顿时一阵骚动。有些人权衡这种激进的主张可能的结果。有些人则质疑做出违抗英王的决定是否是个明智的选择。锁在房间内的人中，有两个人稳如泰山，显得一点儿也不紧张，他们就是汉考克和亚当斯。受他们的影响，其他人也最终同意了，应通过通信委员会，安排于1774年9月5日在费城召开首次美洲大陆会议。

请务必记住这个日期。它比1776年7月4日这天更重要。如果没有大陆会议，可能日后就不会有《独立宣言》的诞生了。

在大陆会议第一次集会前，美国另一区的领导人正深陷于是否出版《英属美洲权利概观》的痛苦中。此人就是弗吉尼亚省的托马斯·杰斐逊，他和邓莫尔勋爵（弗吉尼亚的王室代表）的关系，也像汉考克和亚当斯与其总督的关系一样十分紧张。

《权利概观》出版后不久，杰斐逊得到消息说，因为他对抗英国皇室政权，所以最高可能处以叛国罪。对于这个消息，杰斐逊的同僚之一，帕特里克·亨利大胆回应，并且以一句的经典作出回答，"如果这就叫叛国，那就叛国到底吧！"

就是与这两位一样的一群人，没有力量、没有权势、没有武力和没有财富的人聚在一起，思考殖民地的命运走向。从第一次大陆会议开幕起，2年之后——直到1776年6月7日，理查德·亨利·李站起来，以主席身份发表讲话，并向公众提议：

"先生们，我建议，这些联合的殖民地应该是，而且有权是自由而独立的国家，因此，他们应该免于效忠英国皇室，而且与大英帝国脱离一切政治关系。"

第二篇

唤起心中的巨人

[美] 安东尼·罗宾

如何改变你的习惯

狗家族培养了一条胸怀大志的小狗，它向整个家族宣布：它要去横穿大沙漠。所有的狗都跑来向它表示祝贺。这只小狗带足了食物和水之后，在一片欢呼声中，踏上了征程。3天后，小狗不幸遇难的消息传到了狗家族中。

这只拥有远大志向的小狗为什么会丢失性命呢？检查食物，还有很多。水不足吗？也不是，水壶还有水。后来，在经过调查之后，终于揭开了小狗遇难的原因——小狗是被尿憋死的。

为什么会被尿憋死呢？因为狗有一个习惯——一定要在树干旁或电线杆旁撒尿。由于大沙漠中没有树，也没有电线杆，所以可怜的小狗固守着自己的习惯，为了找到一棵树或电线杆，一直忍了三天，终于被憋死了。

狗是如此，那么人会怎样呢？

人与狗同样都是遵循习惯的动物，只不过人是固守习惯的高级动物而已。

一个人的行为方式、生活习惯是在长期的生活工作实践中逐渐养成的。比如，与人交往的形式、与人沟通的方式、与他人共同生活的模式等，都是多年养成的习惯。孔子在《论语》中提到："性相近，习相远也。""少小若无性，习惯成自然"的意思是说，人所具有的原始性情是非常相似的，但由于习惯不同后来便相去甚远。从小培育的品质仿佛是生来就有的，长期养成的习惯就好像完全出于自然。

俗话说得好:"不论贫穷还是富有,都是习惯的结果,不管成功还是失败,都是习惯导致的。"假如你勤于思考,可能会对这句俗语颇有感触。

习惯也称为惯性,是宇宙共同的法则,具有无法阻挡的力量。春天接替冬天降临大地,这就是无法阻挡的一股力量;苹果离开树枝必然往下掉,同样是一种势不可挡的力量。

我们可以这样定义"习惯":所谓的"习惯",就是人和动物对于某种刺激的"固定性反应",也就是在相同场合下反复出现的固定的反应。所以,如果一个人反复练习饭前洗手的话,那么这个行为就会泛化,影响他其他的行为,逐渐地养成"爱清洁"的习惯。

习惯是个体对反复出现的刺激做出固定性反应,久而久之形成的类似于条件反射的某种规律性活动。它包括生理和心理两方面,生活习惯是能直接观察及测量的外显活动,心理习惯是间接推知的意识及潜意识历程。而且,心理上的习惯,即思维定势一旦形成,则更具持久性和稳定性,在更广泛的基础上,心理习惯进行延伸,于是就成了性格特征。

1. 习惯决定命运

美国著名的心理学家威廉·詹姆斯说:"播下一个行动,你将收获一种习惯;播下一个习惯,你将收获一种性格;播下一种性格,你将收获一种命运。"一种好习惯可以使人成就非凡伟业,一种坏习惯也可以使人一无所成。

试想,一个爱睡懒觉、生活懒散又没有规律的人,他如何能在工作中勤奋自律？一个不爱阅读、不关心身外世界的人，他怎能拥有宽广的胸襟和卓尔不凡的见识？一个自以为是、目中无人的人，他如何去和别人合作、沟通？一个杂乱无章、思维混乱的人，他如何能够高效做事？一个不爱独立思考、人云亦云的人，他怎能拥有不凡的智慧和判断能力？

习惯是人生成败的关键。事实上，成功者与失败者之间最大的差别就是习惯迥异。好习惯实际上是好的思维方式与好的行为方式。培养好习惯，即是在寻找一种成功的方法。而一个人的坏习惯越多，就越不可能成就一番事业。

很多成功人士曾宣称即使现在输得落花流水，也能很快东山再起，也许就是因为习惯的力量。他们在培养习惯的同时锻造了自己的性格，而性格铸就了他们的成功。

只有当人类的优点内化为习惯，才能充满价值，即使像"爱"这样一个永恒的主题，也必须通过不断的修炼，变成好的习惯，才能真正在行动上表现出来。

很多好的观念、原则，我们不仅要"知道"，更要"做到"。然而，知道了并不一定能做到，这中间必须架起一座桥梁，而连接知道与做到的桥梁就是习惯。

那么习惯的价值到底有多大呢？美国科学家曾发现，我们只需要21天的时间就能养成一个习惯，如果真是如此，从效率角度分析，习惯应该是投入产出比最高的了，因为培养一个好习惯只需要花掉你三周的时间，而你享用这个好习惯带来的好处却是终生的。

事实上，成功与失败的最大区别是习惯的不同。好习惯是开启成功之门的钥匙，坏习惯则是通向失败之路的指向标。

2. 培养受益终生的好习惯

那么，我们该如何养成好的习惯呢？ 我们需要注意两点：一靠制度约束，二靠自己的努力和决心。

在养成好习惯、去除坏习惯的初期，制度的强制约束作用会发挥最大的功效。

饭前、便后洗手的好习惯并不是天生就有的，这种习惯是经过父母或他人的无数次强制和纠正才得以养成。 新加坡素有"花园城市"的美名，而让人惊叹的不仅是它美丽的风景，市民的自律更是让人叹为观止，但你可知道，当时这些习惯的培养甚至动用了警察、监狱等国家机器来强制。 所以，"好习惯是强制约束的产物"是个不折不扣的真理。

好习惯的养成，除了靠制度的约束、教育的陶冶外，自己的决心与勇气也是非常重要的因素。 这又不得不归结于文化了。 在一个积极向上的文化氛围中，你怎能安心地躺在床上呼呼大睡？ 在一个团结合作的文化氛围中，你一直自高自大、目中无人，凭借什么在团队中生存？ 在一个开拓创新的文化氛围中，你总趋炎附势、人云亦云，怎么发展？ 所以，文化是一种比制度的强制力、习惯的固着力更为强大的整合力，它强大得无须再强调或者强制，它使每一个人的心灵在不知不觉中受到影响，从而最终成为一种自觉的群体意识。

当然，培养任何一种习惯都必须按照循序渐进、由浅入深、由近及远、由量变到质变的原则来进行。

3. 改变你的坏习惯

伟大的古希腊哲学家柏拉图曾谆谆教导一个无所事事的青

年:"人是习惯的奴隶,一种习惯养成后,就再也无法改变过来。"那个青年回答:"但游戏人间又有什么不可以的呢?"这位哲学家立刻正色说道:"一件事情尝试的次数多了,就会逐渐成为习惯,那就不是小事啦!它会影响你的一生。"这实在是真理。

意大利诗人但丁曾说:"星星之火扩大蔓延,化为熊熊烈焰。"老子在《道德经》中亦云:"九层之台,起于累土;千里之行,始于足下。"

习惯的培养是通过反复的练习,由细线变成粗线,再变成绳索的过程。每一次我们重复相同的行为,就会使该行为得到强化,绳索变成缆绳,再变成了链子,最终,就成了根深蒂固的习惯,把我们的思想行为牢牢地固定并缚住。

我们的全部生活都充满了习惯。一天的生活中几点起床、就寝,是一种习惯;穿衣的品位、颜色的喜好,是一种习惯;甚至我们吃饭的姿态、做事的方式,都是习惯在起主导作用。

被称为"桂冠诗人"的英国诗人德莱敦在三个世纪前曾说过:"首先我们养成了习惯,随后习惯养成了我们。"我们之所以会形成今天的自己,乃是习惯造成的,如果我们要想有跟以前截然不同的人生,那就要有巨大的改变。改变人生的途径之一就是要变换自己的行为模式,即改正你的很多坏习惯。

查尔斯·谢灵顿博士在脑生理学方面具有很深的造诣,他坚持认为"在学习过程中,神经细胞的活动模式与磁带录音相类似"。每当我们记忆起以往的经历时,我们所有的行为就会重新出现。如果你对失败习以为常,你将容易将这种易于接受失败的感情色彩渗入生活工作的各个方面。同样,如果你能建立起一个成功的模式，胜利的感情就会激励你的所作所为。从这个意义上说，改变我们的习惯，命运走向也会随之变化。我们是习惯的动物。心理学家相信，人类95％的行为都是习惯导致的。

坏的习惯，就像一条有太多孔洞的破船，无论你怎样弥补，它都会不可救药地下沉，那么何不趁早弃船逃生，即改掉坏习惯呢？而改掉坏习惯的最有效方法就是：培养良好习惯。

你一定要坚信，不培养良好的习惯，就无法走上成功之路。那么，从现在起我们就要开始下定决心、付诸行动、改掉坏习惯、培养好习惯。

行为主义学派认为，偏差行为反复重复形成比较固定的行为模式，就是坏习惯。偏差行为到底有哪些，即坏习惯到底有哪些？这些坏习惯因不同学者的看法不同而有差异。若从行为的性质而言，则表现为不适宜行为，主要包括不合时间地点及身份的行为，损害自己身心健康和发展的行为，或困扰而妨害他人生活，与环境形成冲突的行为。

同时，行为主义者也认为，一个人出现偏差行为，即"坏习惯"，并不是因为被魔鬼附身，也不是他感染了什么疾病，更不是因为在童年时遇到什么不幸的事件。它的产生源于外界对这个行为的反应。甚至，假若偏差行为发生后，未遭到周围人的排斥或指责，甚至得到了周围人的赞许，则行为便会再度得到强化，如此重复多次之后，它就会固定为习惯。反之，假若偏差行为带来对行为发生者不利的结果，则行为便会减弱，如此重复多次之后，它不再出现，从个人行为中消失。这就是反射原理的应用。

就本质而言，个体行为并非一成不变，而是受身心发展及客观情境影响，随时在变化。学习是公认的最重要的一种塑造行为的有效方法。

因此我们可以利用强化原理，通过某些方式的"学习"，可以矫正偏差行为，消除坏习惯。而消除坏习惯的有效方法是削弱、隔离、惩罚。附带说明一点，习惯的矫正和培养越是从小做起，就越容易使儿童养成良好的行为习惯，幼儿时期是行为塑造的黄金时期，而这个时候习惯的塑造也因为阻力小而变得简单易行。

如何完善你的行为

人的行为不是一成不变的，你可以通过自身的努力而改善自己的行为。如果你正在为自己的某些行为而懊恼，那么现在就行动起来，尝试改变自己的行为。

不要因为烦恼而怨天尤人。实际上，根本不要谈到你的困难，更不要在进入下一个步骤之前提到它们。任何寻求怜悯，试图使自己感觉良好的措施，实际上都会使你变得不堪一击，这样一来你会受害无穷。

不要将你的选择归罪于他人，要有自己的主见。你建议上某家餐馆，不要说是别人极力推荐的，因为要对自己的思想负责任。引据别人的意见通常不会造成损害，但如果你拥有的是薄弱的自我意识，那么就会使情况更加恶化。

一旦做了就不要逃避责任，即使采纳的是别人的意见，也要敢于承担后果。

避免使用"我们"。你拒绝了一项邀请，就说你很累，不要考虑你的同伴是否也有同感，尽量使用第一人称单数的说法。

不要说诸如"我相信你不会喜欢的""我知道××使你不悦，所以我不邀请他"之类的话语。别人的想法和你一样经常会改变，你可以询问他自己的想法。经常企图预测别人想听的话，正是好好先生典型的表现，结果只能使你愈加感到自己的平凡，使朋友对你愈加感到厌烦。

不要让他人左右你的思想。永远不要仅仅为了维持和平而向他人道歉。

你向朋友或陌生人谈到自己时,不要只叙述事实。你可以在这几周内,尽量少把事实平铺直叙地说出来,而要多谈谈自己的主张。不要提到有关身份地位的象征,以免使陌生人铭记在心。同时避免机械式的对白,否则会使人感觉你在列举你一天的所作所为。

如果你不知道一个故事要怎样来讲述,就不要把它说出来。背诵式的说明将会使你在说错话的时候感到恐惧。

按照以上意见去做,你一定会发现,改变行为原来并不是非常困难的事。

1. 坚持自己的主见

要完善你的行为,不但包括要改善你的行为,还包括要坚持自己的主见。没有主见的人,是不可能有较完善的行为的。

投资家华伦·巴菲特从来不完全相信理财顾问的话。他说:"假设你拥有100万美元,如果对内线消息深信不疑,一年之内就会破产。"

父子抬驴回家的故事大家不妨一看。开始父亲让小儿子骑在驴背上,自己走着。不久,遇到一个老人轻蔑地说:"年轻人真是不孝顺,没大没小,竟然让老子给儿子牵驴。"农夫一想,便让儿子从驴背上跳了下来。父子俩牵着驴继续赶路。没走多远,迎面又来了一个年轻人,他看见这一老一小有驴不骑,便不解地说:"这两个家伙真怪,有驴不骑偏要费劲地走路。"农夫听了,觉得也有道理。于是他让小儿子牵驴,自己跨到了驴背上。可是没走多远,一个妇人从对面走了过来,咕哝着:"那么大的人,自己骑在驴上优哉游哉,让这么小的孩子来牵,真是一个狠心的父亲!"

这次,农夫只好把儿子也拽到了驴背上。 不久,又来了一个人,那人说:"真不像话,毛驴每天为你辛苦劳累,你竟然还要骑着它,而且还两个人都骑在驴上。"农夫一拍脑袋说:"是啊,我真是太残忍了。"他们再次跳下驴背。 但是不知道如何是好,骑也不对,不骑也不对,儿子骑不对,老子骑还是不对,到底该怎么办呢? 还是抬回家去,总算不亏待了那头为他们累死累活的驴了。

一个缺乏独立思考能力的人,很容易在别人一开口时就变得惊慌失措,没有了主见。 所以,培养独立思考问题、独立解决问题的能力是保持个性的一个重要途径,也是一个人立足于世的必要条件。

哲学家说,世界上找不到两片完全一样的叶子,人生也是如此。 没有哪两个人的态度、信念、价值观和潜能完全一致,所以发生在不同人身上的事情,会产生不同的结果。 听取和尊重别人的意见固然重要,但无论何时千万不要人云亦云,不知所措,做了别人意见的傀儡。 否则,你不但会在左右摇摆中身心疲惫,失去许多成功的机会,有时甚至会迷失自我。

2. 让自己变得积极起来

要不断完善自己的行为,让自己变得积极向上。 给人以"积极"的印象非常重要,它可以成为你取胜的法宝。

怎样才能让自己在工作和生活中变得积极起来,引人注目呢? 以下方法可为你提供一些参考。

①站起来发言。 无论在大会上讲话,还是在办公室发言,最好的讲话姿势是站立。 即使准备好椅子,也不要坐着讲。 因为站起来发言,除了给人以更强烈的感染力,还可以居高临下,把握会场的气氛。

②抢接电话。 如果动作迟缓，只会给人留下做事消极、不主动的印象。 因此，在办公室里，只要电话铃一响，就应当立刻抓起话筒接听电话。

③提早上班。 提早上班，会使别人认为你是一个积极工作的人。 当别的同事睡眼惺忪地赶到办公室，开始做准备工作时，你已经进入工作状态了，上司自然会对你另眼相看。

④腰杆挺直快步走。 这样做会让别人认为你是一个朝气蓬勃、充满活力的人，这是自我表现中不可忽视的内容。 如果弯腰驼背、慢慢腾腾、无精打采，别人会如何评价你呢？ 答案是不言自明的。

⑤握手有力。 握手是交际的礼仪，也是表现自己的武器。 握手这一小小的动作，表面上看起来不过是手与手的接触，实际上却是心与心的交流。 用力握手能将你的热情与坚强传递给对方，能够给人留下一个深刻的印象。

⑥坐姿正确。 和同事交谈时，坐在椅子或沙发上的姿势一定要正确。 全身放松地懒散地坐在沙发上或椅子里会给人一种不认真的感觉。 相反，坐姿端正，上半身自然前倾，则会让人觉得你聚精会神，从而让人感到你是一个认真积极的人。

⑦做好笔记。 别人讲话时，不但要注意倾听别人讲话，还要记录别人讲话的内容。 做笔记一方面可以记录对自己有用的内容，另一方面则表示认同对方讲话的内容，是尊敬对方的一种表现。

⑧名字要写大。 姓名是每个人的代号，签名时应尽量把字写得大一些，这样会表现出你怀有较强的进取心。

⑨坐到上司身边。 对自己越有信心的人，就越喜欢坐在上司身边。 因此，在没有安排固定座位的场合时，主动坐在上司身

边,可以显示出你的信心。

⑩额外工作抢着干。 除了做好自己的分内工作外,对于额外增加的工作也要积极肯干,因为一方面显示出你的热心,另一方面还体现了你的能力。

⑪求教要登门。 如果你有事向同事请教,一定要亲自到同事的办公室去向他求教。 这样,既能让对方看到你的诚意,又能让对方感受到你谦恭的态度。

⑫展示你的希望。 充满希望的人才会有魅力。 胸怀大志会让人对你产生一种积极向上的良好印象。

任何人都不愿意和偷懒散漫的人共事。 只有处处给人以"积极"的印象,才能够受到同事的好评,上司也会十分器重你,着重培养你,对自己的前途也会大有好处。

如何开发你的潜能

在每个人的身体里面，都潜伏着巨大的力量。一旦你将自身的潜力开发出来，它便可以使你梦想成真。

如果能打开你心智的眼睛，看到你内在无限大的"宝库"，你就会发现你身体里蕴藏的巨大力量。你可以从你的内心里的宝藏中取得所需的一切东西，从而使你的生活变得更丰富和幸福。

如果能够唤醒这种潜在的巨大力量，就往往会出现奇迹。世界上无数平凡人的体内都有着巨大的潜能，只要将他们体内一小部分潜能激发出来，就可能成就伟大的、神奇的事业。

很多人都不知道在他们内心深处埋藏着无限智慧的金矿。一块有磁性的金属可以吸起比它自身重量重几倍的东西，但是如果除去这一块金属的磁性，它甚至连最轻的羽毛都吸不起来。同样的，人也有两类。一种是有磁性的人，他们充满了信心和力量，他们知道自己注定会获得成功；另外一种人，是没有磁性的人，他们充满了畏惧和怀疑。机会来临时，他们却说："我可能会失败，我可能会一败涂地，人们会耻笑我。"这种人是不可能获得成功的，因为他们害怕前进，他们只好停留在原地。所以，每个人都要争取成为一个有磁性的人，并开发自身的潜能。

实际上，每个人都具有潜能，充当催化剂的意外事件和灾祸，使人有了显露这种力量的机会。

有这样一个实验，足以证明潜能的巨大力量：对一个平常人进行催眠，然后把他的头和脚搁在两把椅子的边上，而身体悬空，这时让六七个人站在他身上，他的身体竟然没有掉到地上。后来在他的身上搁了一块木板，让一匹马站上去，他竟然也能支持得住。如果按照人的平均体力来计算，支持一千多磅的重量是绝对不可能的，但是在催眠状态下，他竟然毫无困难地做到了。那么，究竟是什么力量促使他做到这样的事情呢？这力量不是来自外部，因为催眠只是利用催眠把被催眠者的力量从身体里激发了出来，力量完全来自于他的身体内部，这便是潜伏在他自己身体里面的巨大潜能。

你潜意识的深处充满了无限的智慧与力量，以及你所需要的各种各样的"供应器"，这些都等着你去发掘、培养、发挥。

将你的心灵打开，你潜意识中的无限智慧就会在任何时间、空间，提供你所需要的每一样事物。你可以接受新的思想和观念，获得新的发现、研制新的发明，或写出新书和剧本；你潜意识中的无限智慧，甚至可以传授给你各种奇妙的知识。它可以为你指引方向，使你在生活中能够完美地发展自己，并达到你真正应该达到的水平。

在人的身体和心灵里面，蕴含着永不衰落永不腐朽的力量，这种力量一旦被唤醒，即便在最卑微的生命中，也能使人变得强大无比。

在有些时候，人也会有机会看到自己的潜能，比如当你失去一位挚友的时候，你可能发现一种自己从未发现过的能力；当你受到一本富有感染力的书的启发时，或者由于朋友们的真挚鼓励，也能发现自己的内在力量。但无论通过何种途径，一旦激起内在力量后，你的行为一定会大异于从前，你会逐渐成长为一个大有作为的人。

你有权利发掘自己的潜能。潜能虽然无法看见，但是它的力量却极为强大。通过开发自己的潜力,你会找到每一种问题的解决方案,以及每一个结果的原因。由于你可以吸取出这些隐藏在你内心深处的力量,因此你可以完全在自由的道路上向前行进。

许多人并不知道自己心灵深处的潜意识,也不知道如何去开发那些供给身体力量的源泉,因此,他们的生命往往是枯燥、毫无生气的。如果你能开发出自己的潜力,就可以寻得生命的源泉。一旦饮得这生命的泉水,就不再会感到"口渴",从此生命会充满无限活力,而这眼生命之泉是可以取之不尽,用之不竭的。

由此可见,一个人一旦能对其内在的潜能加以有效地运用,他便永远不会穷困潦倒。

1. 重视你的潜能

一般来说,一个人的潜能来源于他与生俱来的天赋。但实际上,大多数人的潜能都在深藏着,必须受到外界的刺激才能被激发出来,如果人们的天赋与潜能不被激发、不能得以发扬光大,那么,其固有的潜能就会逐渐衰退并最终丧失它的力量。

爱默生说:"我最需要的,就是有人叫我去做我力所能及的事情。"去做"我"力所能及的事情,是表现"我"的潜能的最好途径。只要尽"我"最大的努力,发挥"我"所具有的潜能,就能够做拿破仑、林肯未必能做到的事情。

每个人都拥有巨大的潜能,但这种潜能只是在酣睡着,一旦被激发,便能做出惊人的事业来。因此,我们必须重视自己的潜能并亲自发掘自身的潜能。莫让你的潜能酣睡!

在美国西部某市的图书馆里有一位馆长,他现在60岁了,掌管着全城最大的图书馆,获得过许多读者的称赞,被认为是学识渊博、为民谋福利的人。 但其实在中年以前，他还只是一个目不识丁的铁匠。 他当时唯一的愿望，是要帮助同胞们接受教育，获得知识。 可是他自身并没有接受过系统教育，那么他这样远大的抱负是如何产生的呢？ 原来，他不过是偶然听了一篇关于"教育之价值"的演讲，这次演讲将他的潜能从沉睡中唤醒，激发了他远大的志向，从而使他做出了这番造福一方民众的事业来。

在我们的现实生活中，有许多人直到老年时才表现出他们的潜能。 那么他们的潜能究竟是怎样被激发出来的呢？ 有的是由于阅读富有感染力的书籍而受到激发；有的是由于聆听了富有说服力的演讲而受感动；有的是由于受到朋友真挚的鼓励而信心倍增。 而对于激发一个人的潜能来说，作用最大的往往就是朋友的信任、鼓励、赞扬。

和失败者交谈之后，你就会发现，他们失败的原因是，他们无法获得良好的环境，他们的潜能从来不曾被激发，他们缺少从不良环境中振作奋起的力量。

在人的一生中，无论何种情形，你都要想方设法走入一种可能激发你的潜能的氛围中。 努力接近那些了解你、信任你、鼓励你的人，这对于你日后的成功，具有莫大的影响。 你要与那些志趣高雅、抱负远大的人接近。 接近那些坚决奋斗的人，你在不知不觉中便会深受他们的感染，养成奋发有为的精神。 如果你做得还不十分完美，你周围那些积极向上的人，就会来鼓励你做更多的努力、做更艰苦的奋斗。

几乎所有人都只发挥了其潜能的15%，他们之所以发挥不出剩下的85%的潜能是因为他们恐惧、不安、自卑、意志薄弱等。 综合所有的原因，可以说是"与外界的不协调"，因为不能向外界开放，则等于是替自己的潜能踩了刹车。

与外界的谐调能使你的潜能发挥到淋漓尽致的地步，因为所谓创造的行为，是在外界环境下进行的，所以一旦能和外界谐调时，自然会产生优异的结果。以体育比赛为例，还在考虑胜败、估计别人力量的选手，心中已经产生了对立的心结，所以不能发挥其潜能。只有当你抛却那些顾虑，融入周围的环境，这时才能最大限度地激发潜在能力。一个非常有趣的现象是，凡是在下棋时，对对手抱有对立感情，将下棋的目的放在输赢上的人，他们的进步都很有限。相反地，不在乎胜败，只求下出正确的棋子并在其中寻求创造之喜悦的人，则能充分地激发他们的潜能，他们也就会快速进步。他们不把棋局的胜负当做一种争斗，而把它当成"问答"。如果有两个人天生素质相等，而博弈态度不同时，不久后他们两人的下棋水平也必有天壤之别。

如果你希望人生富有创造性，首先你必须做个"不怕失败的人"。从表面上看，这似乎和"无所不能"的命题相矛盾，但是仔细想一想却不是，因为失败和"不能做"是完全不同的概念。此外，失败并非与成功完全对立，它可以是到达成功的中转站。精神的强者，越是失败，越能在失败中得到教训，从而使创造的热情得到进一步提高。所以问题不在于是否会失败，而在于是否遇到一两次失败就放弃奋斗。拥有广阔胸襟的人能够包容失败，这种人最后必然会获得成功。

2. 充分开发你的潜能

怎样做才能将潜能正确开发出来呢？以下这几点供你参考。

①通过已有能力开发潜能。要开发潜能，必须使用已有的能

力。只有使用能力，能力才能产生实际作用。哪怕你已经具有了某种能力，但如果将这种能力搁置不用，那么严格地说它也只算是潜在的能量，对现实毫无作用。很多没有受过系统营销教育的推销员比那些专门学营销专业的大学生的推销能力高得多，就是因为他们通过已有能力开发潜能的缘故。

②选准最易突破的一点。面对种类繁多的各种潜能，并不需要对每一种潜能都投入完全一样的时间和精力去大力开发。那不仅会分散有限的精力，而且也很不现实。我们在全面了解、重视整体潜能的同时，应当依据自己的特点和优势，集中力量，选准一种关键潜能进行开发，并取得突破，这样就能使整体潜能得到激活。开发潜能一定要选准最易突破的一点，以求尽快突破。

③充分考虑自身的天赋、资质等主观条件。人人都有自己的优势才能，人人都有自己的最佳发展区。要根据自身的天赋和资质，来确定应当着重开发的潜能。只有这样，才能使潜能的开发事半功倍。否则，花费了大量的时间和精力却不一定能收到良好效果。最新教育观提出：由于每个人的特点不同，每个人都应当有自己的课程。开发潜能，也一定要根据自身特点，设计出适合自己的开发、利用潜能的计划。

④承受适当的压力。每个人都存在惰性，只有在一定的压力下，人才能最大限度地开发自身的潜能。著名科学家贝弗里奇说："人们最出色的工作往往是在逆境中做出的，思想上的压力，甚至肉体上的痛苦，都可能使人精神处于兴奋状态。很多作家、画家平时灵感难寻，只有在临交稿时，大脑里才容易涌现出灵感。"创造学之父奥斯本说："多数有创造力的人，其实都是在期限的压力下从事工作的。决定了期限，就会产生对失败的恐惧

感,因此,工作时背负着一定的压力,会使得工作更加完美。"他还说:"谁被逼到角落里,谁就会有出奇的想象。"当然,压力不能过大,压力过大,就会把人压垮了,压力要适度。 利用好了压力,它不但是行动的最好保障,而且通常能使我们的潜能得到充分发挥,创造出令人震惊的奇迹。

如何了解他人想法

一个人的想法往往会通过他的表情和行为显露出来,只要我们仔细地观察他人,即学会察言观色,便可以了解他人的想法。这与古代向君主进谏的大臣有一点相似,那就是都得将自己放在比较低的位置上,这样更便于察言观色。

春秋时期的齐国宰相管仲深谙察言观色之道,会选择合适的时机进谏。但是有一次,他一不小心,还是触到了齐桓公的"逆鳞"。

当管仲审核国家预算支出的情况时,发现宴请宾客的费用居然占了总支出的2/3,其他部门的经费只占1/3,难怪国家财政捉襟见肘,且办事效率不高。他认为决不能姑息这种奢靡之风,于是,管仲立刻去找桓公,在众臣面前说:"大王,必须要裁减宴客费用,不能如此奢侈……"

话未说完,桓公面色大变,语气激动地反驳说:"你为什么也要这样说呢?想想看,隆重款待那些宾客的目的是使他们有宾至如归的感觉,让他们回国后仍极力称赞我国;如果怠慢那些宾客,他们一定会不高兴,这样会有损我国的名誉。粮食能够生产出来,物品也能制造出来,又何必一毛不拔呢?要知道,君主最重视的是声誉啊!"

"是!是!主公圣明。"管仲不再继续申辩,即刻退下。

如果换作是一个争强好胜的人士,继续争辩下去,你可以想象会有什么后果。管仲的聪明之处就在于他善于察言观色。他从桓公的脸色和语气中察觉到此时桓公心情不佳，且不会接受劝谏，于是他不再继续损害君主的尊严，而是在后来的工作中慢慢影响桓公，使问题一步步得以解决。

与人交往也应这样，要注意，不可逆犯对方的忌讳和尊严。不然不但达不到目的，反而还会将自己置于尴尬境地。所谓"出门观天色，进门看脸色"，特别是在求人办事时，只有善于从对方的表情、语气与动作做出准确判断，然后再付诸行动，这样才会增加成功的机会。

1. 通过语言洞察人心

在某种程度上，一个人说话的语速往往能反映出这个人的态度、情感与思想。

一般来说，如果对某人心怀不满，或者持有敌意态度的时候，许多人的语速会变得相对缓慢。相反地，如果有愧于心，或者有意要撒谎，人们的说话速度自然会变快起来。

在正常的情况下，一般人如果人的心中怀有不安和恐惧情绪时，语速会不由自主地加快，他希望借着快速的谈吐，来缓解自己内心的不安和恐惧。

如果有人平时寡言少语，却在突然之间不大自然地能言善辩起来，那么他内心里一定是隐藏着某种不能为外人道出的秘密。当一个人提高说话的音调时，即表示他想从气势上压倒对方。高昂的音调只表示他在心智上还没有成熟，很容易使人情绪激动，并陷入口角与争执的状态里。

有一种人始终有说不完的话题，并且他们需要花费相当长的时间才能将一个话题告一段落，这表示在说话者的内心里，潜伏着一种唯恐话题即将说完的不安与担忧。 很多人也喜欢在话语中加上某种模棱两可的词句，这是有意想逃避自己责任的表现。

说话速度是一种特征，是在平时与人交往中锻炼出来的，同时也受到人与生俱来的气质的影响。 但是不同寻常的语速常常与内心的思想有很密切的联系。 比如，平时能言善辩的人，突然变得口吃起来，或者平时说话不得要领的人，突然滔滔不绝地讲话，这时候你就要注意是否发生了什么事情，影响了他们，以致使他们的心里发生了重大变化。

曾经有一位评论家说："男人在外面拈花惹草之后，回家时往往会突然对妻子滔滔不绝地说很多话。"这是很合乎规律的现象。 因为当烦恼不安或恐惧等感情占据人的深层心灵后，说话速度都会快得异乎寻常，以此缓和内心的不安与恐惧。 但是，由于没有冷静地思考，所以，即使说得滔滔不绝，内容却空洞无物。 如果女方是一个善于察言观色的人，必定可以看出他内心很不平静。

在工作场所也一样，平时沉默寡言的人，如果突然极不自然地滔滔不绝地讲话，此人一定有了不愿他人知道的秘密。

与说话速度一样，声调是语气的特征之一——当人的情绪十分激动时，声调往往会提高。 就上述丈夫拈花惹草的例子来说，如果妻子知道了丈夫出轨的事情，男人在对妻子进行自我辩解时声音一定会提高。 某位作曲家也曾说："要提出与对方相反的意见时，最简单的办法就是提高音量。"的确，人们在坚持自己的意见时，都想用提高自己的声音的方法来压制对方，而且随着音量的增大，进而相互争执，其结果必然是吵得不可开交。

声音的频率较高乃是幼儿时的特色，这被认为是一种任性的表现。一般人随着年龄的增长，其音频会越来越低，因为人的精神成长具有抑制任性的心理功能。换句话说，如果成年人说话的声音突然提高，那么此人的深层心理一定是无法控制自己的任性意识，在这种情况下，他听不进别人的话语。

然而如果一个人无缘无故地小声说话，一般来说是表示他对该事物缺乏兴趣，或对自己缺乏信心。

如果你是一个生活的有心人，细心倾听别人的语速和语调，就可以轻而易举地探知他人内心的想法。

2. 如何看穿他人的心思

在与人交往的过程中，若想深刻地了解别人，你要做的第一件事，就是看穿别人的心。只有这样，才能分清哪些人是可以继续交往的，才能清楚地了解他们有哪些地方值得你交往，才能决定你自己应当采用什么样的办法去与他们交往。否则，你会四处碰壁。

看穿别人的心，特别是看穿初次相识的陌生人的心，并不是一件难事，再圆滑的人，也会在不知不觉中把自己的内心世界暴露出来，只不过每个人显露的方式不同而已。因此，你应当学会通过观察、分析事物的表象，抓住问题的实质。

下面介绍几种初次见面时看穿别人心灵的方法：

①从他打招呼的方式看他的内心。

即使是一个看似简单的招呼，也能让你了解对方的内心。你可以看看，以下列举的外在表现与所分析的内心世界是否一致。当然，总会有一些例外情况发生，但大体上应该是准确的。

凡是不敢抬头仰视对方的人，大部分都是自卑感较强烈的人；与对方握手时比较用力的人，具有主动的性格和信心；握手的时候，无力地握住对方的手，表示他是性格软弱的人；握手的时候，手掌心冒汗的人，很可能他正处于激动的情绪中，内心不平静；握手的时候，如果目不转睛地注视着对方，其目的是想从心理上征服对方；初次见面后，始终都用老套的话向人打招呼的人，具有自我防卫的心理。

②从他的眼睛窥视他的心灵。

初次见面的时候，就左顾右盼的人，表示他觉得自己已经占据优势；有些人会尽量避免与他人对视，表明这些人大体上都怀有自卑感，或有相形见绌的感受；仰视对方的人，无疑是怀有尊敬或信赖对方的意思；俯视对方的人，表示他有意对对方保持自己的威严；避免长时间注视对方的人，大多属于内向性格者；眼球频繁地左右转动，这表示他还在展开频繁的思考活动。

③从他的举动看他的潜台词。人的一举一动，特别是下意识的肢体动作，也能向你透露出他的内心世界。

交臂的姿势表示保护自己的意思，同时这种动作也表示他准备好随时反击；轻轻拍打自己的头，或用手摸着头顶，即表示正在思考的意思；用双手支撑着下颚，大多数的情况都表示正在想入非非；用拳头击手掌，或者把手指掰折得咔咔作响，就表示要威吓对方。

④从他的癖习看他的特性。

经常摆弄头发，是一种神经质的表现，凡是涉及有关自己的事情时，他们马上会显得特别敏感；一边拉着头发一边说话的女人，大体上是很任性的女人；喜欢用手遮着嘴说话的女人，是有意要吸引对方；经常托腮的人，即表示要掩盖自己的弱点；不断摇晃身体，乃是焦灼的表现，是为了缓解自身的焦虑而表现出来的动作；两脚反复交叉然后分开，这种癖习表示具有不稳定的心理，如果女性具有这一癖习时，就表示她对某位男性怀有强烈的关心之意。

第三篇

最伟大的力量

[美]马丁·科尔

选择的重要性

无论你持何种信仰,你都具备选择的力量。你能选择鞋、服装、广播节目、电影、汽车、伴侣等。你有这种能力,外界力量便不能迫使你做出决定。你做了决定是因为你做出了选择。你做出了这样的选择,因为你希望它会像你选择这样。如果这是个糟糕的选择,我们就希望我们可以去责怪某人或某事。于是,有人就说:"这是上帝的旨意。"但是,是这样吗?你可能很熟悉那句老话:"自助者,天恒助之。"不管我们是否信仰上帝,或者到底能够相信多少,上帝确实赋予了每一个人自助的权利,换句话说,也就是选择的权利。

亨利·德拉蒙德在他的《世界上最伟大的事情》一书中,讲述了关于选择的力量的故事:

一个男孩快要死了,他的父母为此感到非常伤心,医生也已经尽了最大的努力。有一天,一个笃信宗教的老人走进这间房子,他发现这里的每个人看上去都非常沮丧。他问这些人为什么都是一副无精打采的样子。他们告诉他,他们年幼的儿子得了重病,很可能会死掉。这位虔诚的老人问他们的孩子在哪儿,他们便将孩子的卧室指给他。老人走进卧室,将手放在小男孩的头上,说:"我的孩子,上帝爱你,你难道不知道吗?"说完,他从卧室走了出来,便很快离开了这家人。他走了之后,那个得了重病的小男孩从床上跳了下来,在整幢房子里跑来跑去,喊着:"上帝爱我……上帝爱我!"他不再是一个病人,而是又重新变成了一个健康的孩子。

这个例子向人们展示了当一个人选择相信上帝爱他的时候,发生的奇迹。 毫无疑问,这个小男孩曾经做过一些错事——这些事情当然不应用死亡来惩罚,但很显然他以为上帝在惩罚他。 然而,当他意识到上帝爱他时,他就痊愈了。 这个小男孩运用了选择的力量,从而复苏了生命,并使他的家庭免去了许多悲伤。

在这个世界上,只有我们自己错误的选择才会主动伤害我们。如果我们选择吃得太多并因此生病的话,该怪谁呢? 如果我们选择快速开车以至于最终出了车祸的话,该怪谁呢? 如果我们选择使自己的性格龌龊,令人讨厌,该怪谁呢? 如果我们要把钱带进棺材,拼了命地去赚钱,成为"坟墓中最富有的人",该怪谁呢?如果我们没有学会怎样生活,该怪谁呢? 我们不能责怪任何人。这是由于我们没有正确地运用上帝赋予我们的最伟大力量——选择的力量,才伤害了自己。

不是这样么? 你的人生由你自己决定,你事业的成败也完全由你自己决定。 当你认真地做出一个崭新的坚定不移的决定时,你的人生在那一刻便会改变。 有了决定就可以解决问题,有了决定便能使无穷的机会与快乐接踵而至,有了决定就能使事业成功,它是一种化梦幻为实际的神奇力量,是使无形转变为有形的催化剂。

当你明白了决定的意义时,便会知道自己身上早已蕴藏着这种力量,它不是有权有势的人的专利品,它属于所有的人。 只要你敢于坚持自己的主见，当你手握此书时就能获得这个力量。 请问你今天是否愿意为自己的未来做出决定？

艾德是一个很"平凡"的人，他14岁时因感染小儿麻痹症致使头部以下瘫痪，必须靠轮椅才能行动，但他却因此而有了"不平凡"的成就。 他在白天依靠一个呼吸设备才能过上正常人的生活，但晚上则依赖他的"铁肺"维持生命。 得病之后，他曾几次差点丧命，可他从不为自己的不幸命运而伤心难过，反而期望有朝一日能帮助那些与他有相同病症的患者。

你知道他是怎么做的吗？ 他决定教育大众，不要以高高在上的态度认为肢体残疾的人一无是处，而应理解他们，顾及他们生活中的不便处。 十余年来，在他的推动下，社会终于开始关注残疾人的权利，如今在美国，所有公共场所的设施都设有轮椅专用的上下斜道，有残疾人专用的停车位，有帮助残疾人行动的扶手等，这都是艾德的功劳。 艾德是第一个身有残疾而毕业于加州大学柏克莱分校的高材生，随后他担任加州州政府复健部门的主管，是第一位担任公职的严重残疾人士。

艾德的事迹，说明了肢体上的不便并不能限制一个人的发展，重要的是他是否决定要结束这样的不便。 他的一切行动只不过源自于一个单纯的决定，如果换成是你，你会为自己的人生做出什么样的决定呢？

有很多人或许会说："好吧，我也愿意为将来做个决定，问题是我不知道该怎样做决定？"只因为不知道方法便不敢做决定，往往会使你失去实现梦想的机会，从而导致平淡无奇的一生。 在此请你记住，不知道怎么做决定并不重要，重要的是你要决心找出一个办法来。 只要你做出选择，你便会发现，神奇的力量会随之而来。

1. 选择决定人生

在人生的航程中，你必须做出这样的决定：你是任别人摆布还是坚定地自强；是总要别人鞭策着你走，还是要自己驾驭命运。

每个人都会经常面临选择，就如同生老病死是人生的必经之路一样。政治因素、社会因素、经济因素、心理因素、伦理道德因素、法律因素，还有文化因素……统统都纠结、交错在一起，共同影响一个重大的选择。每个重大的选择，无一例外都是上述诸因素的"合力"结果。每一次选择都会体现一个人的人生观和价值观。不仅会体现出一个人的意识层，更能体现出一个人的潜意识层。因为潜在动力往往更具有决定作用。

人的本质是通过他（她）所选择、追求的对象充分显示出来的。你所选择的事物、所追求的对象，反映了你的本质。这是一个灵敏度极高、准确率极高的"指示剂"。

选择伴随着我们的一生，也决定了我们一生的成败和优劣。选择是我们的身影，是树立在我们人生道路上的指向灯。

人生哲学研究表明，出身不是很重要，因为它是偶然发生的、不可选择的。人生的真正起点是开始主动选择。唯有主动选择才能发现"自我"，有你的"自我表现"机会，你才能成为你自己的主体。

贝多芬就公开藐视家庭出身，高度赞美选择。他认为，公爵能够身世显赫，仅仅是由于出身，而这一点纯属偶然因素造成的，但贝多芬之所以成为贝多芬，是依靠他自身的主动选择，全在于他自己的坚强意志、他的努力奋斗。

在我们的一生中，事业和爱情的选择会决定我们一生的成败。所谓命运的选择，也就是事业和爱情的选择。

在我们的一生中，事业的选择并不是一锤定音。第一次选择当然最重要。 如高中毕业时我们一般会做出第一次重要选择。 当你既酷爱钢琴又迷恋于物理学,在报考音乐学院和物理系之间做决定性选择的时候,你一定深感痛苦。 因为你两样都爱,绝不甘心放弃其中一样。 最好的选择方案可能是读物理系,把钢琴作为业余爱好,这样它成为能够带给你安慰,是你终生快乐的源泉。 即便是进了大学物理系,也会面临着选择。 例如,到底是选择理论物理还是选择实验物理? 也许,最富有戏剧性的选择是当你读到大三的时候,诗歌和小说创作激发了你极大的兴趣。 这种兴趣竟超越了物理学。 你要在文学和物理学之间做一个新的选择,这时需要极大的勇气,因为外界舆论与环境会给你带来极大的压力。

倾听你内心的声音,新的选择会使你不断"发现自己"。

人生的一大悲哀,莫过于让别人替自己选择。 那样人就会变为被人操纵的机器。 掌握自己的命运,要靠自己正确的选择。 成功的选择造就成功的人生,似乎已成为人生中不变的一条定理。

人生选择的关键时期是青年时期,一个人今后从事哪种职业,会走什么样的道路,其多半在这期间即已确定。 当然,也有例外。 但无论如何,一个人在青年时期做出的选择,尤其是内心的选择,无疑将影响其终身。 选择是自由的,但同时也令人备受煎熬。 对那些聪明能干,具有多种潜能的人来说,目标不明,举棋不定的痛苦尤为深刻、强烈,因此选择须是明确而果断的。 心理上稍有怯懦就会使今后的人生之路荆棘遍布,而一旦克服了这种软弱,也许对将来的发展会有意想不到的影响。 这方面,一个典型人物就是率先打破音乐与绘画界限的德国表现主义画家克利。

克利(1879~1940年)出生于欧洲的"花园之国"瑞士。 他的父亲是音乐教授,母亲是歌唱家,双亲都从事音乐方面的工作。 克利从小就喜欢音乐、绘画和文学,他具有很高的艺术天赋。 11

岁时，克利就被特邀演奏巴赫的作品，成了颇有名气的小提琴手。克利在音乐上的发展，明显比他在其他艺术领域要快得多。然而，没有想到的是，他像着了魔一般，狂热地喜爱上了绘画。克利想，音乐的伟大时代已经过去了，绘画的伟大时代才刚刚拉开帷幕，新的艺术语言将首先从现代绘画中产生，所以克利不肯放弃绘画。18岁时，也就是在他大学预科班学习的那段时间，克利出众的才华在诗歌创作方面也显现出来。对他来说，要成为一名领衔的诗人或作家是完全有可能的。丰富的艺术才华，对克利来说可能太多了。究竟该选择哪一条道路，克利感到惶惑、痛苦，不知如何是好。

克利并不是人云亦云、胆小怯懦的人。他一边学习音乐，一边一刻也不停地钻研绘画艺术。预科班结束后，克利不顾家人的反对进了慕尼黑皇家学院学习绘画。他怀着满腔热情去探索如何将音乐与绘画沟通。克利发现，音乐诉诸听觉，绘画诉诸视觉，两者差异太大了，根本就没有沟通的可能。而德国的古典音乐和德国现代绘画之间几乎没有什么一致的地方。克利感到困惑不解。

大学毕业后，克利感到无法走出精神的困惑，便离开了德国，去意大利旅游。他想从现实中逃避，安静地考虑一下。在意大利期间，他不断反省，感觉自己在音乐方面还是最有天分的。这个想法对他来说是个安慰。回国后，克利放弃了绘画，全身心投入于音乐之中，他先后担任了波恩和苏黎世管弦乐团的第一小提琴手，在音乐上获得了一系列成功。27岁那年，他和一位音乐家结为夫妇。在音乐这条路上，克利一切都很顺利。从这儿看来他的道路似乎已经固定了。然而，就在他的音乐生涯走向黄金时代的时刻，就在他即将要完全离开画坛的时候，就在他的音乐事务最繁忙的那些日子里,克利忽然看到了音乐与绘画连接处的一线亮光。克利发现,声音是音乐的基本元素,色彩是绘画的基本元素。声音与色彩,两者从表面上看毫不相关,而本质却是一致的。

克利毅然决然地中止了他的音乐之路,全心全意地投入到音乐与绘画的理论研究中。他进一步发现,音乐与绘画在节奏上是相通的。绘画的色彩中蕴含着明晰的音乐性,而音乐的声响中也有绘画的色彩感,绘画的音乐性表现在绘画色彩的节奏上,音乐的节奏感也表现出音乐的色彩感。克利终于找到了连接音乐与绘画这两门艺术的关键点就是节奏。他开始深入研究塞尚和康定斯基的绘画理论,开始建构一种崭新的绘画语言。由于看到了两门艺术相互融合的光明前景,克利重新拿起画笔,开始了极富诗意和音乐性的绘画创作。经过十多年的摸索,克利终于找到了一条独特的艺术创造道路,开拓了现代绘画的世界,成为表现主义绘画的开山鼻祖。

你看,选择的力量结出了奇异的艺术花朵。在人生中我们每个人都会面临很多选择,好好把握你的人生吧,牢牢抓住选择的机遇,你的生命就会因此而开出美丽的花朵,结出丰硕的果实。

2. 选择比什么都重要

当我们慢慢长大、成熟,会逐渐通过选择来发现和体会我们不曾发现的真情与关爱。

在乔治的记忆中,父亲一直就是瘸着一条腿走路的,除此之外他的一切都平淡无奇。所以,他总是想,母亲怎么会嫁给这样一个人呢?

一次,市里举行中学生篮球比赛。他担任队里的主力。

乔治告诉母亲他希望母亲能陪他同去。母亲笑着对乔治说："那当然。你就是不说，我和你爸爸也会去的。"他听罢摇了摇头，说："我不是说爸爸，我只希望你去。"母亲惊奇地问他为什么，他勉强地笑了笑，说："我总认为，一个残疾人站在场边，整场比赛的气氛就变了。"母亲叹了一口气，说："你是嫌弃你的父亲了？"正在这时，父亲走过来说："这些天我得出差，有什么事。你们商量着去做就行了。"

比赛结束了，乔治所在的队得了冠军。在回家的路上，母亲高兴地对乔治说："要是你父亲知道了这个消息，他一定会高兴地唱起歌来。"乔治沉下了脸，说："妈妈，我们现在不提他好不好？"母亲无法接受乔治的态度，生气地说道："你必须要告诉我这是为什么。"乔治满不在乎地笑了笑，说："不为什么，就是不想在这时提到他。"母亲的脸色凝重起来，说："孩子，我本不想说这些话，可是，我再隐瞒下去，你爸爸就有可能受到伤害。你知道你爸爸的腿是怎么瘸的吗？"乔治摇了摇头，说："我不知道。"母亲说："在你两岁那年。你爸爸带你去花园里玩，在回家的路上，你左奔右跑。忽然，一辆汽车急驰而来，爸爸为了不让你被汽车撞倒，左腿被碾在了车轮下。"乔治顿时呆住了，说："这怎么可能呢？"母亲说："这有什么不可能的？不过这些年你爸爸不让我告诉你罢了。"

两人慢慢地走着。母亲说："有件事可能你还不知道，你爸爸就是你最喜欢的作家布莱特。"乔治惊讶地蹦了起来，说："你说什么？我不信！"母亲说："我怎么会骗你呢，你爸爸也不让我告诉你。你不信可以去问你的老师。"乔治急忙跑到学校找老师问个究竟。老师面对他的疑问，笑了笑，说："这都是真的。你爸爸之所以不让我们告诉你这些事情，是怕影响你的成长。但现在你既然知道了，那我就不妨告诉你，你爸爸是一个伟大的人。"

两天以后，父亲回来，乔治问父亲："你就是那位大名鼎鼎的作家布莱特吗？"父亲愣了一下，然后笑道："我是写小说的布莱特。"乔治拿出一本书来，说："那你先给我签个名吧！"父亲看了他片刻，然后拿起笔来，在扉页上写道：赠乔治，其实选择比什么都重要。布莱特。

多年以后，乔治成为一名出色的记者。

每当有人让他介绍自己的成功历程时，他就会重复父亲的那句话：其实选择比什么都重要。

选择你的财富

任何人都渴望拥有财富，谁都渴望有朝一日可以对自己说："现在，我再也不用为没钱担心了。"于是，人们就制订了很多的计划与方案，都想尝试运用不同方法走上富裕之路，但这些努力最终都没有换来成功。最后，他们全都丧失了信心，认为自己根本没有发家致富的能力，不可能坐到那个令人羡慕甚至嫉妒的位置上。其实他们失败的关键在于，他们虽然尝试了各种各样的方法，但就是没有尝试改变自己的思维——而改变思维是通向成功的唯一途径。

一百多年前，有个聪明的人熟知蒸汽机的广泛用途。当他看到密歇根州的小麦和牧草白白烂在地里时，他将蒸汽与磨面机有机地结合在一起。机器声依然像以往那样"隆隆"地吼叫着，运转着，但是却使得密歇根州开始向饥饿的纽约和英国提供面粉。厚厚的煤层自洪荒以来一直被埋在地底下，直到有人用镐头和绞车将煤从地下挖出来。从此，煤便作为一种可以转移的"气候"，即使是在拉布拉多和极地也能让人感受到赤道的热量，因为每一筐煤炭都蕴藏着能量和文明，于是我们称它为黑钻石。自从瓦特和斯蒂文森发现每半盎司煤炭即可把两吨货物牵引1英里后，以煤运煤的火车和轮船很快就使冰天雪地的加拿大变得像加尔各答一样温暖宜人，随之改变的便是当地工业的实力。

当贩夫把南方的水果运进北方的城镇时，水果的价值比那些没有商品化的水果价值增加了100倍。商人知道把货物从盛产之地运送到它稀缺的地方，以此来实现供需平衡，便能更多地增加价值。

通过正确运用这种选择的无穷力量，你一定能够很快地改善自己不理想的财政状况。但是只有极少数人才懂得如何正确运用这种巨大的力量。

1. 要使自己拥有财富的思维

假如我们能使自己关于经济状况的思维得到扭转的话，那么其他方面的变化也会随之出现。所以，我们应该去选择有意义的、健康的财富思维。

通过正确使用选择这种伟大的力量，你一定能改变自己的财富状况。许多人都没有正确地使用这种力量，从而导致他们成为自己所追求的那种东西的奴隶。

曾经有个青年人，他的生活艰难得如同在苦海中挣扎。很长一段时间他都找不到工作，最后，他找到一份一点都不值得骄傲的工作。这个青年人现在已经结婚并有了一个孩子，但他只能按捺住理想说："我不想挣大钱。"每一天，他都把省吃俭用的钱存起来，以便他的孩子长大后可以去读书。他放弃去繁华市中心看电影的机会而选择看街道放映的露天电影，因为这样他能节省2角5分钱；他从不去好一点的饭店吃饭，因为那里的花费比较贵；他买东西时，只挑全家的东西买；因为没有钱他不能带家人外出度假。但他还是按捺住理想说："我不想挣大钱。"

由此观之，对数以万计深陷贫困苦海而不能自拔的人，你还会感到奇怪吗？他们选择让自己继续在贫困中生活，但却对这一点浑然不知。他们未曾体验过选择的巨大力量。他们宁愿归于贫困，因为从来没有人会因为生活节俭而被别人指责。很多人只能精打细算地过日子，否则他们就无法继续生存。 这些人完全可以用选择这种巨大的力量，让自己的大脑充满生活的美好。

但是，我们每天都会听到抱怨的声音："我很想买那件东西，但我没有钱。""我没有钱"这可能是事实，但不能将这事实说出口，假如你继续说"我没有钱"，那么，"没有钱"将会伴你一辈子。 选择一种上进的思想，例如，"我得买下它，我要拥有它"。 当要拥有它的思想出现在你的脑海时，你的生活就出现了希望。 千万不要毁灭自己的希望。 假如你毁灭了它，自己就会陷入无聊、困惑、失望的生活中去。

杰姆是一位十分能干的年轻人，他能把任何事情做得很好，但他却不能挣到一点儿钱。 人们都不明白这到底是怎么回事：杰姆很有上进心，长相也不错，很讨人喜欢，无奈他一年又一年的奋斗都是徒劳的。 他一点钱也挣不到。 后来，杰姆请求一位智者为他指出问题的所在。 他对智者说："我能做好任何事情，除了挣钱之外。"智者为他指点了迷津，他开始明白，其实问题很简单，只不过是自己对赚钱的思维选择不对。 后来，一切都改变了。 他不再说："我能做好任何事情，除了挣钱。"他开始说："我能做好任何事情，包括挣钱。"以后的几年里，年轻人的财务状况发生了明显的改变，他开始赚到钱，他的经济状况日新月异。 现在，人们都认为他已经是个富翁了。 这个年轻人本来很有可能终生面临一个困惑，即自己为什么能做任何事情却赚不到钱。 但他一旦明白这一切都是因为自己选择了错误的想法后，他立即积极地改变了这种想法，所以，选择的力量能够给人带来更好、更有效的致富方法。

2. 对于财富也要懂得放弃

对于饥饿的人来说,选择金钱可以拯救生命;对于贪婪的人来说,选择金钱无异于自杀。

有这样一个很有哲理的故事:

> 一个穷人住在一间破败不堪的屋子里,他穷得连床也没有,只好躺在一张长凳上。
>
> 穷人自言自语地说:"我真想发财呀,如果我发了财,绝不会吝惜钱财。"
>
> 这时候,上帝在穷人的身旁出现了,说道:"好吧,那我就实现你的愿望,我会给你一个有魔力的钱袋。这钱袋里永远有一块金币,这块金币永远也拿不完。但是,你要记住,在你觉得你拥有了够多的金钱时,要把钱袋扔掉才可以开始花钱。"
>
> 说完,上帝就不见了。在穷人的身边,装着一枚金币的钱袋真的出现了。穷人把那块金币拿出来,里面又有了一块。于是,穷人不停地从里面拿出金币来。穷人一直拿了整整一个晚上,金币已有一大堆了。他想:啊,这些钱足够我花一辈子了。
>
> 到了第二天,他很饿,很想去买面包吃。但是,他必须扔掉那个钱袋才能花钱。于是,他拎着钱袋向河边走去。
>
> 他一想到要把钱袋扔掉时,就觉得钱不够多。于是,他又开始从钱袋里往外拿钱。
>
> 日子一天天过去了,穷人完全可以去吃最奢侈的大餐,住最昂贵的房子,买最豪华的汽车了。可是,他对自己说:

"还是等钱再多一些吧。"

他不吃不喝地拿,金币已经快堆满一屋子了。然而他却变得弱不禁风,头发也全白了,脸色蜡黄。

他虚弱地说:"我怎么能扔掉这个宝贝呢,金币还在源源不断地出来啊!"

终于,他倒了下去,死在了长凳上。

这个故事告诉我们:金钱并不是万能的,只有当人们能够合理地利用它时,它才会造福于人类,否则,一时的贪心也可能导致人财两空。因此,如果我们要拥有财富首先要懂得放弃财富!

选择你的环境

每个人一出生就会生活在前人创造出来的社会环境中。对于这种既成的事实,人们是无法选择的。人们面临的社会环境有大小之分,社会大环境是指整个社会环境及其发展趋势、水平、性质和状态。人与社会大环境的关系极为密切,人只能在一定的社会大环境范围内活动,但这并不是说人只能消极地适应社会大环境。在一定程度上,人可以改变社会大环境,并对社会大环境加以创造和发展。

马丁·科尔在其著作中详细论述了社会小环境。社会小环境是指个人直接接触的生活范围,如家庭、学校、住区、单位及社交活动的范围等。社会小环境对人具有显著影响,个人离不开社会小环境。在社会小环境内,家庭成员的思想、政治观点、道德文化水平及经济生活水平,学校的教育教学水平、学风、校风、班风的情况,单位的文明建设、科技教育、政策措施、组成人员、物质条件、居住环境的风气,以及个人接触的社会成员等,都在不同程度上直接或间接地影响着个人的一生,社会小环境对个人的影响集中表现在人的社会化过程中。

家庭是个人所接触的第一个社会小环境,家庭是人生的起点和归宿。个人在生理成长、心理发展以及生活技能的学习和积累上,都离不开家庭。家庭是指导儿童踏上生活之路的第一所学校;家庭里的一切物品是孩子面临的第一个世界;家庭里的欢声笑语、悲啼哭泣,是孩子听到的最初的声音;家庭里的父母兄妹,是孩子接触的第一个群体；家庭里的一言一行是孩子学习的第一个典范。所以，家庭对儿童具有重要的教育职能，家庭教育的优劣往往影响人的一生。家庭不仅有教育的职能，而且可以给人带来温暖，可以给人以心理上、精神上的满足。

学校是人社会化的重要场所，是对个人产生重要影响的社会小环境。学校能有目的、有系统、有组织地对人进行社会化。学校不仅传授给学生文化知识，而且教导学生自觉遵守行为规范。后者是社会化的一个重要内容。学校的作用之一就是要让学生学习各种类型的社会行为规范，使学生在自己的一生中都能自觉地遵守。在人生的整个过程中，大部分行为规范都是在学校中学到的。

此外，一个人所接触的社会成员也会对他产生很大影响。所谓"近朱者赤，近墨者黑"，与生活的强者交往你将获得力量，与品德高尚的人来往你将获得高尚精神，与学者来往你将获得知识，与正直者来往你将获得勇气，与聪明者来往你将获得智慧。相反，与市侩来往你得到的是庸俗，与无为者来往你得到的是消沉，与强盗来往你得到的是残忍和肮脏。总之，与高尚的人来往你将得到真善美，与丑恶的人来往你将得到假恶丑。

社会小环境不仅会影响人的社会化，还会影响人的个性发展。社会化对于个人来说，既是发展人的社会性的过程，也是完善人的个性的过程。人的个性是在社会化的过程中形成的。通过社会化，人们学习基本的生活技能，养成一定的生活习惯，接受社会的生活目标和社会规范，确立一定的世界观、人生观、价值观。在社会化过程中，人们直接参与社会生活，逐渐地形成一定的兴趣、能力、性格。人的个性受先天素质、个人经历、家庭背景、学校教育等影响，同时社会大环境也会影响人的个性发展。在人的继续社会化和强制教育的再社会化的过程中，人的个性受社会环境的影响更大，而社会小环境对人的个性的影响则更具体一些。

马丁·科尔认为，社会大环境与社会小环境共同构成了个人成长必需的环境，个人受人生环境的影响和制约，但是个人也不是完全消极地适应人生环境，而是能够能动地反作用于人生环境。总之，每个人都是你自己的主人，都应当以主人的姿态去选择、去影响、去改变你的人生环境。

1. 选择你的工作环境

想提高工作效率，就必须选择比较舒适的工作环境。

光线不充足，会直接影响工作效率。尽管你的头脑清晰，但如果眼睛疲劳，效率一样不高。

不光是照明设备，你周围所有的环境，都会影响到你的感觉及心理反应。譬如，工作场所的墙壁不适合漆上刺眼的红色。当然，太暗的颜色也不好，具有安定情绪的颜色是最佳选择。有人认为，淡青、淡蓝之类的冷色系的环境适合脑力工作，但冷色系容易让人感到沉重和压抑。例如，整面白苍苍的墙壁容易让人联想到医院，感觉不太好，同时也会因眼睛受到刺激而感到疲劳，所以柔和的肉色系，感觉上较为舒服。当然具体选用什么颜色也要看个人喜好。

选择合适的工作场所对提高工作效率也有重要影响。

工作内容不同，工作场所自然不同。譬如，需要参考许多资料的工作，工作者身边自然就要有随手可得的参考资料。否则，缺乏参考资料，即使再认真，一样不会提高效率。这个道理虽然人人都懂，但奇怪的是，仍然有很多人视而不见，尽是做些没有效率的事情。

有很多作家喜欢将自己关在饭店或旅馆内写稿。因为在旅馆内不受外界干扰，可以长时间埋头苦干，自然就可以提高工作效率。

并不是所有的工作都能在旅馆里面完成。因为，办公室或家里的参考文件及资料，不可能全部搬到旅馆里面。所以，即使住进旅馆可以远离噪音，但仍然要分清楚什么事可以在旅馆做，什么事不能。

反过来说，如果已确定投宿旅馆，可以事先做好准备工作。

总之，任何一个工作环境都有其特定的性质，我们必须事先了解工作环境的特质，然后根据所要完成工作的性质，去选择你的工作环境，这样才能有效提高工作效率。

2. 我们不可以控制环境，但可以控制想法

每个人都生活在这个社会环境中。外部环境有时对我们有利，有时对我们不利。有的人甚至在情况好的时候都活不下去，更不要说情况糟的时候了。之所以会有这样的感觉是因为他们没有运用最伟大的力量——选择的力量。当困难到来的时候，许多人心中充满了失望与怯懦，他们习惯性地向后退缩，等着别人采取措施来改变这种状况。而另一部分人则会运用选择的力量，这种人即使身处逆境也有可能走上成功之路。许多最伟大的事业都是在所谓的困难时期开始并建立起来的。为什么呢？原因是这些事业的开创者不相信所谓的困难，在他们眼里敌人只有自己，无论如何他们总是克服自己，逼迫自己朝前走，最终他们成功了。在困难时期，我们也会遇到很多有利条件，而这些有利条件即使是在境遇较好时也不一定能遇到，如企业初创阶段所需要的资金较少，或是很容易就可以找到帮手，或是竞争不是那么激烈。而这些往往都被那些悲观者忽视。

每个人都懂得，自己不能控制周围的环境，除非你正好做了政府的首脑，如果你在政界身处领导者的地位，你也许可以发号施令，对周围的环境进行有效的控制。我们虽然控制不了环境，但我们能够控制自己内心的想法，通过运用选择的力量对自己内心的想法进行控制，我们可以对周围的环境进行间接的控制。

世界上到处都是满怀失望的人们，只要稍微有点勇气的人就可以比较轻松地获得成功。

现实生活中，平凡者是大多数，伟人还只是少数。究竟能否取得成功有时仅取决于你的想法，成功者经常运用最积极的方式去思考，让自己的人生受最乐观的精神和最辉煌的经验来支配。失败者恰恰相反，过去的种种失败和疑虑影响并支配了他们的行动和人生。在困难面前，成功者仍然抱以积极的想法，用"一定会有办法！""一定能解决问题"等积极的意识来鼓励自己，于是不断地想办法，不断前进，直至成功。遇到困难，失败者往往被消极的思想所控制，想着"我不行了，我还是退缩吧"，最终陷入失败的深渊。

这就是选择的力量。虽然我们控制不了环境，但我们可以控制自己的思想。那么，为什么你不选择积极的想法摒弃消极的思想呢？

选择你的幸福

每个人都在寻找幸福,而真正得到它的人却寥寥无几。 人们常常以为,在金钱、财产和人际交往中能够找到幸福,实际上他并没有真正理解幸福的真谛,幸福并不是得到什么,它是心灵在感受到自我价值时所处的一种状态。 那些每天带着期望去生活的人,那些在生活中感到快乐和满足的人,可以说,都是获得幸福的人。幸福并不需要创造,它是自然产生的。 不幸才是由我们内心的恐惧、焦虑、紧张造成的。 多数的人只是在特定的情景下才感觉到片刻幸福,而事情过后,他们又重新回到日常的状态中。

那些让外界环境来掌控自己情绪的人,永远不会打开幸福的大门。 你希望自己幸福吗? 这其实完全依靠你自己的选择,选择对了,你会因为自己所做的一切而感到幸福。 生活中发生的各种不幸,也并不会妨碍你去选择幸福。 你的生命还在,你还可以看手中的这本书,从中吸取养料,生活中还有很多让你幸福的事。 即使你暂时还无法做到其他复杂的事情,但至少,你还拥有把握幸福的能力。

要相信自己,你能做到任何事情,你是独一无二的,你必然会有非凡的成就。 在你内心深处的某个地方,你在热烈地渴望成功,而且,你具备了获得成功的能力。 从今天起,你要做的,就是先改变自己的人生观,改变对自我的认识。

因此,我们每天都要憧憬幸福,让自己的生活拥有目标,期待拥有一个个巅峰;要保持内心的宁静,要相信自己,你能做到任何事成为任何人。事实上，只要你意识到你时刻都可以实现幸福，那么，实际上你就已经无时无刻不在幸福之中了。

过去的事情就让它过去，我们要把握的是今天、明天，我们需要的是未来的幸福。你的态度决定了你的幸福，如果你消极悲观，处处不满，整天唉声叹气，那么幸福的大门永远不会向你敞开。

要相信自己终究会得到幸福，重要的是要有这种信心，有了信心，也就有了幸福。抛开你以前对生活的那种厌恶的观点，鼓励自己继续往前，去拥抱原本就属于你的幸福，去做希望和成功的忠实信徒。做到这一切只需要你鼓足勇气，而这种勇气就在你心里，唤醒它，抓住它，你就会拥有更美好的生活。

不要自己画地为牢、作茧自缚，要将你的内心敞开，让新鲜的空气流入，不要在那肮脏单调的巢穴里坐等生命的流逝。如果一个人对自己所做的事情感觉不到丝毫乐趣和意义，那么他是不可能产生幸福的感觉。要记住，首先是选择，有了选择就有了幸福的可能，选择是动力、是轮船，会把你带到想去的地方。

生活不是日复一日的重复，你今天所做的可以和昨天完全不同，你永远有用不完的机会。幸福首先要寻找机会把握机会。如果你觉得现在的一切并不能给你带来成就感，并不能让你满意，那么为什么不选择去改变它呢？去寻找你认为有目的、有意义的事，然后就去全身心地投入吧，在这点上不必吝惜时间，因为它会将幸福带给你。逼迫自己去面对选择、接受选择，幸福就在你的掌握之中。

世界上最幸福的人，是那些克服了艰难险阻、忍受了长期煎熬，但仍然继续斗争，坚持不懈的人。没有经历苦难波折，没有经历生死搏斗，幸福就不可能来到你身边。

想一想自己过去曾走过的路程，自己克服的那些阻碍以及自己在挫折和奋斗中的教训和经历；想一想自己最幸福的时刻，难道不正是由于坚持不懈，终于攻克重重难关的时刻吗？不是自己开始还心存疑虑，最终却出色地完成了一项任务的时刻吗？不是自己咬牙挺过的那原以为不可能结束的苦难的时刻吗？

在生活中我们随时随地都会遭遇各种挑战。我们越是能够将不利变成机遇，就越有可能过上幸福的生活。如果你这样想：所有机会来临的时刻都是你的节日，你的生活将变成一场没有间歇的盛大庆典。没有什么能够约束你思考、行动的自由，没有什么能限制你发展自己的能力。你完全可以去享受生活的种种乐趣，你唯一要做的就是为自己创造获得幸福的机会。

是选择成就了人生的幸福！

1. 幸福可以长存

在意识到自己拥有了最伟大的选择的力量之后，几乎每一个人都会感到自己现在的生活比以前要快乐得多。很多人都在拥有了这一点点幸福的感觉以后，就牢牢地抓住这一点儿幸福不撒手。但也有些人，当他发现自己拥有了幸福快乐的感觉以后就惊奇万分，总是怀疑是不是有什么地方出了问题，同时也怀疑这种感觉是否能长久地维持下去，这样的人是不会得到幸福的。

百老汇曾上演过这样一出戏：戏中的女主角刚刚度完蜜月回来，她说她感觉自己太幸福了，以至于"她想幸福得死掉"。请你想象一下，她不懈地在追求幸福，当她终于获得幸福的时候，却"想幸福得死掉"。对选择力量的滥用是多么可怕和让人担忧呀！那么，我们觉得自己亲眼所见到的幸福少得可怜，还有什么可大惊小怪的呢？很多人对幸福的感觉产生了强烈的恐惧感，以至于他们根本无法把握住幸福，甚至刚刚获得幸福便失去了它。

有一个年轻人向我们讲述了他的不幸经历："我曾和一位年轻姑娘谈恋爱。我们彼此颇有好感，我们决定订婚。订婚时我们觉得非常幸福，于是我们决定将这种幸福推上顶点，我们结婚了。我们商量着买下了一幢虽小但很可爱的房子，所有的朋友都嫉妒我们的房子。我和妻子都出去工作，我们有一辆车，我们在银行里存了一点钱。我们确实像生活在人间的天堂一样。但是，朋友们似乎都觉得这种生活不会长久，他们会对我说：'看看琼斯两口子，他们在刚结婚的那几个月是多幸福！再看看现在，他们却有了那么多的烦恼。看看史密斯一家，他们一度也曾很快乐，但那是结婚的头几个月。你再看看现在，他们却生活在一片烦闷之中！'这样的话我听得太多了，以至于我觉得他们过的是一种正常生活，而我和我太太的生活却根本不正常，让我觉得我们这种人间天堂般的婚姻生活就像一只气球一样，随时都会破裂。我每次和一个持'这种生活太美好了，所以不能持久。'的观点的人聊过之后，回家时我都会向我的妻子讲些类似的话：'亲爱的，我们生活得是不是太过于幸福了？这种日子大概长不了。我们简直就像生活在天堂里一样。这么美好的生活可能不会持续太久。'没过多久，这样那样的事情就开始发生了。我和妻子都失去了工作。我们不得不卖掉我们的车，不得不放弃那幢漂亮的小房子。我们不得不和我母亲住在一起。而最糟糕的是，我妻子自己也成了母亲。"

他愤愤不平地说："假如每次你刚把形势扭转过来，就会发生点什么事情把刚刚好转的一切又毁掉，那么，活着还有什么意义呢？"他想自杀。他想，如果这就是生活的话，那他现在就可以结束它。

《人生的游戏和游戏规则》和《你的话就是你的魔杖》这两本书的作者是佛罗伦萨·斯科沃·辛,她在著作中论述了一个道理:没有任何东西会因为过于完美而不能长存。

如果你能正确地运用自己的选择能力,世界上就不会有任何事情能够毁掉你的生活。 如果你能运用自己的潜力,相信美好的事物一定会长存不衰,那么生活中一切美好的东西就会更加美好,甚至比你想象中的还要好。 虽然这听起来很难想象,但却是真实可靠的。 这就是让事情向良好的方向发展的秘密。 所以,当事情没有遇到任何阻挠坎坷,发展得异常顺利之时,你也要坚信这一切都是正常的。

星星不会撞到月亮,月亮也不会撞到太阳,太阳更不会撞上地球。 既然高速运行的天体都不会发生混乱,那我们的生活为什么不能一帆风顺,我们又为什么要对生活中必定会产生不协调的因素的观念深信不疑呢? 只要能合理运用选择的力量,我们就应该相信我们的生活会变得一帆风顺且不会有任何摩擦。

只要你能合理运用选择的力量,你的生活就会越变越好,且美好得出乎你的想象。

有人曾经说过这样的话: "人间天堂其实就在我们的生活里,关键是很多人根本意识不到它的存在。"无论你身处何地,你的身边都会有这样的人,他们本来生活得挺美好的,后来却不幸遇到了麻烦,并且一直被麻烦所困扰。 这就是他们没有充分运用选择的力量的结果,他们不相信幸福可以长存,于是就真的遇到了麻烦。

因此,无论何时何地,都要相信这一点:幸福是可以长存的!

2. 选择自己的幸福

幸福通常会诞生于你的某次选择中。

你也许会觉得这种观点很奇怪，人怎么可以选择自己的幸福？事实确实如此，美国第十六届总统亚伯拉罕·林肯曾经说过："我从来都认为：如果一个人决心想获得某种幸福，那么他就能得到这种幸福。"

有一对年轻夫妇，他们住在美国南部的一个小城市里，一对年老夫妇是他们的邻居。这对老夫妇中的妻子眼睛几乎失明，并且瘫痪在轮椅中，丈夫身体也不是很好，他整天待在屋子里照料自己的妻子。

一年一度的圣诞节快要到了，这对年轻夫妇决定将一棵装饰好的圣诞树送给这两位老人。他们买了一棵小树，将它装饰好，并把一些小礼物挂在圣诞树上，在圣诞前夜把它送过去了。老妇人感激地注视着圣诞树上闪烁的小灯，激动地哭了起来。她的丈夫也一再说："我们已经有许多年没有欣赏圣诞树了。"在以后的日子里，只要他们拜访这两位老人时，两位老人都会提起那棵圣诞树。对于这对年轻夫妇来讲，也许他们只是做了一件很小的事情，但他们给他人带来了幸福，并且自己也从中获得了幸福。这样的幸福既是一种深厚的情感，也是一种美好的回忆。

对于我们每个人来讲，你的生活可能是幸福的，也可能是不幸福的。因为你有权选择其中的任何一种。而决定你选择的因素只有一点——你是持有积极心态还是消极心态。只要你控制好了这个因素，你就可以控制你的幸福状态。因此，拿出你的勇气，选择你自己的幸福生活吧，这是上帝赋予你的权利。

第四篇

最伟大的励志书

[美] 奥里森·马登

高贵品质是最大的财富

举止言行是否得体,将直接影响自己在别人心目中的形象。这是因为,一个人最吸引我们的,不是美丽的外表,而是得体的言行举止。 古时候,希腊人认为美貌是天生的,与此同时,如果一个美貌的人表现出某种不相称的内在品质,他们往往会蔑视和嘲笑这种人。 古代的希腊人认为,外在的美貌其实是某种内在美好气质的反映,这些气质包括善良、诚实、仁厚和友爱等。 法国政治家米拉波长得非常丑陋,据说他长了一脸麻子,但很多人却被他的风度所深深地折服。

性格美之所以美,就在于它如流线型一般——没有棱角,线条始终保持连续、柔和的弧形。 而不少人的心灵之所以无法做到更加完美,不能向世人展现他们最优雅的品质,正是由于他们的性格中有棱角的东西太多了。 无论有什么样出色的品质,一旦表现出粗暴、唐突、不合时宜的话,其价值自然会大打折扣。 而事实上,只要我们对自己的性格言谈多加注意,举止得体,往往可以做到事半功倍。

据说,古希腊著名画家阿佩斯为了把美神图画得逼真、生动,只随身携带干粮到处采风,以便仔细观察各种年轻貌美的女子,将她们最美的地方都聚集到他画的美神身上,整个过程历时数年之久,而他最终也实现了他的预定目标。 同样,一个品格高尚的人,应当多观察和研究他所接触的特定圈子的人,汲取别人的优点,这样才能实现自我提高。

有人曾举过这样一个例子:我们扔一块骨头给一只狗,狗会扑过去用嘴衔住,但是它的尾巴并不会摆动;但如果我们把狗喊过来,摸摸它的脑袋,然后把骨头塞到它的嘴里,狗就会做出感激的样子,不停地摆动尾巴。连狗都知道感激对自己好的人,但一些无情无义、不懂得分辨是非的人却从不对对自己有恩的人心怀感激。

英国有一位学者说过:"如果你在罗马向人问路,当地人都会友好热情地给你一个满意的答复。但是,如果你在英国向别人问路,得到的回答往往会是:'你再往前走就知道了。'之所以存在这种差别,要怪只能怪上层社会的人。平民百姓之所以不懂礼貌,根源在于这个社会的上层修养不够高。我还记得第一次到巴黎的时候,那里的一切给我留下了十分深刻的印象。第一天晚上我和一个银行家一起交谈,他带我去一座公寓。来到公寓门口,一个女仆给我们开门。那银行家非常有礼貌地摘下帽子,有礼貌地称呼女仆为'小姐',显得非常有修养。在巴黎,我们所看到的绝大部分下层人士一个个都十分有教养,而这种事情的原因也是显而易见的,因为那里的上流社会在对待普通平民的时候总是尊敬有加。"

教养是每个人必须具备的东西。得体的举止能够代替金钱的作用,有了它就好比有了一张通行证一样,所有机遇的大门都向他们敞开,即使他们一无所有,也会处处受到人们热情周到的款待。他们能够享有一切,即使付出的并不多。他们在哪里都能给人以阳光般的温暖,到处受到人们的欢迎。因为他们带来的是欢乐以及一切美好的事物。而一切妒忌、卑劣的心思,遇到它们都会退却,善良、诚实的心灵能够打动一切。

1. 使人进入天堂的品质

有一年冬天,在英国的爱丁堡,一个有教养的男子在大街上被一个卖火柴的小男孩拦住了。小男孩身体瘦弱,虽然天气很冷,穿着却很单薄,而且光着脚,脚趾已经冻得发紫,"哦,我不需要。"绅士说。"一盒火柴只要一便士,先生,这是多么便宜呀。"小男孩继续拉着这名男子的衣角乞求道。"但是,我确实不需要。""那么一便士两盒,您看好不好?"男孩又说。

"我想打发他了,"这位绅士后来把他那天发生的事情写成文章发表在杂志上,"只好买一盒,但刚好我身上没有零钱,我就对他说,我今天没带零钱,明天我再来买吧。"

"就现在买吧,先生,"小男孩开始祈求这位绅士,"我可以为您换零钱的。我已经饿了好几天了。"

我犹豫了一下,就给了他一先令,小男孩跑开了。我在那里等了一会儿,可是那个男孩的身影再也没有出现。我想我的一先令一定被那个男孩骗走了;但是,那个男孩的神情却使我很相信他,因此我并没有往坏处想。

那天深夜,当我在客厅里看报纸的时候,我的仆人走过来告诉我说有个小男孩要见我。我让他把孩子领进来。那是一个我不认识的小男孩,他告诉我,他是今天卖给我火柴的男孩的弟弟。他穿的衣服比他哥哥的还少。他站在那里,显得有些窘迫地把手往衣服里伸,好像在找什么东西,他很小心地问我:"您是那位向桑迪买火柴的先生吗?"
"是的。"我回答。"这些是他让我转交给您的钱。"他把钱放在我的手里,"桑迪来不了了,他被一辆马车撞伤了,帽子、火柴、还有您的十一便士,全丢了,腿被轧断了,受了重伤,医生说救不活了。他只好叫我来把钱还给你。"他把钱放在桌上,终于忍不住开始大声哭了。我让他在我家里吃了晚饭,然后和他一起去看那个小男孩。

到了桑迪的家后,我才发现,这两个孩子真可怜。原来他们是和养母住在一起,亲生父母早就离开了人世,养母常常酗酒,还虐待他们兄弟俩。桑迪躺在一堆木屑上,虽然光线很暗,可我一进门,他就认出我来了,非常抱歉地对我说:"先生,我换开了零钱,正往回赶,可是被马车撞倒,腿被马车压断了……鲁比,我的可怜的弟弟,我快要死了。可是,我死了谁来照顾你啊?你以后怎么办呀,鲁比?"

我握住他的冰凉的手,告诉他我会照顾鲁比的。他听懂了我的话,朝我笑了笑,表达了对我的感谢。然后,他的眼睛永远地闭上了……

这个身世悲惨的小男孩知道,如果想进天堂便意味着他必须遵守社会某些道德原则。他不知道天堂有没有车来车往,但是,对于正直、高尚、诚实这些品质,他知道的远远比那些驾着马车把他撞成重伤的人多得多——而只有这些高贵品德才能使人留在天堂。

2. 品格就是力量

美国著名思想家爱默生写道:"以前,我曾经在某本书上看到,凡是听过查塔姆勋爵讲过话的人都认为,勋爵所说的内容不管如何精彩都比不上他本身所具有的某种东西更有吸引力。"卡莱尔也曾向别人倾诉说，尽管他把与米拉波有关的全部事实讲得很清楚了，但还是无法完全表明他对米拉波所怀有的景仰：他认为米拉波是个百年难得一遇的天才。 普鲁塔克所描述的那些英雄人物，包括格拉古、阿吉斯、克里奥米尼三世等，他们的事迹远远比不上他们的名气。 菲利普·西德尼爵士，以及沃尔特·拉雷爵士，都是赫赫有名、却很少有事迹流传下来的天才人物。 华盛顿也是一样，不管如何绘声绘色地讲述他的功绩，也不能完全地让人领略到他个人的独特魅力；席勒的作品本身似乎也不如他的盛名更为人所知。 这种名声和作品或事迹不相匹配的现象，我们该如何解释呢？

原因主要在于，这些杰出人物身上都有某种特殊的品质，而这种特殊品质导致人们对他们产生了一种不符合实际的期望。 他们具有很强大的力量，绝大部分是一种内在的力量，而这就是我们称之为品格与个性的东西；这种力量是源于内心深处的，正因为它的存在，因而产生许多直接的影响，并且影响深远。 当然人们通过能力、口才也能够对他人产生影响，但具有不凡的品格的人却是凭借他的某种近乎神秘的力量来影响别人的。 他被称为"伟大"的原因也是由于他本身就超出别人之上，并不是单纯靠着某些外力的作用；他的出现往往改变了一切，所以他能够取得很大的成就。

不管是在哪一个国家，总会有这样一些人的存在，他们甚至不用发号施令，就很容易使自己的目标得以实现。 他们的影响力，和他们自身所具有的能力有时甚至不成正比；人们也不免困惑不已，到底是什么原因，使人们这么容易就信仰他们。 其实这并不奇怪，任何人都会崇拜并追随那些具有非凡品格的人，因为品格就是力量。

获取财富的重要法则

有人问一个著名的艺术家,一位跟他学画的青年将来是否能成为一位成功画家。那艺术家回答道:"不,绝不可能!他每年有着6000英镑的收入呢!"这位艺术家懂得,艰难困苦,玉汝于成,而在富裕境况之下往往很难有所作为。

安德鲁·卡内基说:"不要以为成为富家子弟是很幸运的事情。很多纨绔子弟最后变成了财富的奴隶,他们贪图享受,以至于堕落。要知道,没有经过磨难的孩子往往不如那些出身贫贱的孩子。一些穷苦的孩子,甚至目不识丁的孩子,长大之后却成就了伟大事业。一些在普通学校毕业后就进入社会的苦孩子,刚开始做着非常平凡的工作。可正是这些孩子,也许将来能成就伟大的事业。"

为脱离困境而奋力拼搏,是摆脱贫穷的唯一方法,而这种拼搏最能造就人才。如果人类社会的成员一生下来就有充足的食物,就不会迫于生存而去奋斗,那么恐怕人类文明直到现在还处于远古时代,人类根本无法进步。

翻开美国历史,许多成功者往往都出自贫贱之家。许多取得成功的卓越人物,比如发明家、科学家、大商人、企业家、政治家,都是迫于生计而努力奋斗,从此走上艰苦的创业之路并成就其伟业。

在美国,有许多来自外国的移民,他们对英文并不太懂,也没有受过高等教育，既无朋友帮助，也无法优越生活，可是他们最终却在美国获得了很多荣誉，拥有巨额的资产。这些成就，足以使家境富裕、知识丰富而最终一事无成的美国青年羞愧难当！

伟大人物都是经由苦难而造就的，一个人如果好吃懒做、贪图富贵，就无法战胜困难，也就决不会有什么前途。一个成功人士说："只有经历困难的生命才能是完整的生命。"

森林里的橡树之所以坚挺伟岸，是由于它英勇地和狂风暴雨作战。如果一个人从小到大，总是依赖他人，从不想为自己的前途而奋斗。这样的青年，终将庸庸碌碌，毫无价值！

贫穷就好像运动器械，可以锻炼人，使人体格强健，所以，贫穷是我们成就事业最有利的工具。安德鲁·卡内基说："出生贫穷之家是一个年轻人最大的财富。"贫穷本是困住人生的东西，但经由努力而脱离贫穷，便是无上的快乐。

两度出任美国总统的格鲁夫·克利夫兰刚开始也只是个贫贱的店员，每年仅能得到50英镑的工资，他后来说："贫贱能使人毫无保留地为之拼搏。"

如果一个青年人生活很好，让他感到人生生上的优越感和满足感，那么他就不会再努力拼搏。工作上的努力，一方面固然是满足自己生存的需要，另一方面却是在实现自身价值，为整个人类社会创造幸福。当然，有的人往往只为自己而奋斗，他的努力也仅是满足自己的狭窄的追求。

一个生活优越的青年人说："一早就起床工作，能有什么价值呢？我有巨额的财富，可以享用一生呢。"于是，他翻过身来，继续睡觉。而唯有那些家庭贫寒、一无所依的孩子，一早就起床，努力地工作。 他知道，除了自己的努力以外，无可选择。 他无人可依，没有贵人提拔，只能靠自己，为着自己的前途而努力。

上天就是通过这种方法，来促进社会的优胜劣汰。 上天偏爱那些努力拼搏的人，给他们高尚的品格、巨额的资产和优越的地位。

至于经由努力赢来的财富，所享的荣耀，不过是意外之喜。上天跟在人的后面，以成功来回报那些奋斗拼搏的青年。

1. 积累你的商业知识

在我的身边有许多诚实善良的年轻人，他们为自己能有一个美好的未来而奋斗，工作努力、省吃俭用，把钱存起来以备养老之用。 可是，由于他们不了解商业知识，当他们垂垂老矣，也没有丝毫的储蓄，一生的拼搏白白浪费，毫无收获。

当年轻人从学校或大学毕业时，我知道他们可能掌握一定的知识，但却没有掌握实用的商业知识，不懂得怎样保护自己的财产、不会防止无形的窃贼。 在我看来，这种实际能力的培养是学校教育中没有教给他们的。 父母通常忽略子女们在学校的实际学习状况，不管他们是否已经熟悉普通的商业原理和一般的商业技能，这是他们的错误。

生活中有一些人把自己的生活和幸福，建立在普通群众对商业知识与技能的愚昧无知的基础上。 这类人居心叵测，总是利用一些人不知道如何有效保护自己资产的弱点，巧妙地宣传虚假广告、传单等。 有些人甚至依靠它生存，他们用巧妙的广告、诱人的传单和欺骗性的宣传，将那些忠实的人辛苦挣来的钱，毫不费力地揣进自己的口袋。 但如果有商业常识，一个由贫穷中奋斗出来的人，一个深知金钱来之不易的人，是决不会去做不稳妥的投资的，不会把自己的钱白送给不相识的人。

有人把他们自己的产业委托律师或商业经纪人全权代理，但最终可能会严重受损。 因为有些人对商业知识不了解，根本不懂全权委托的实质意义。 不知道把产业全权委托给了他人，就意味着给他人使用自己产业的特权，这样，没有法律的限制，受委托人就随心所欲地想干什么便干什么。 其实，全权委托是一件谨慎的事情，受委托人一定要诚实守信，千万不能委托那些不可靠的人，那将使你遭受巨大的损失。

在校的学生更要接受商业常识的训练，如果一个学生具有丰富的商业知识，往往就能够避免失败，更可避免他人批评自己目光短浅。 总之，一个具有丰富商业知识的人，是不会受他人欺骗的。

若是每一个人都受到了很好的商业训练，那么利用他人对商业的无知而赚钱的人，便没有了立足之地。

想积蓄金钱，要精于投资，但这说起来容易，做起来却很难。一些很有经验、曾受商业知识训练的人都认为不可轻易行事，没受过商业训练的人又怎能鲁莽行事呢？

2. 点滴积累便是财富

如果有这么一个人，他在过去的 5 年或 10 年内都拿很高的薪水，现在突然下岗了，而他又没有任何的积蓄。 于是，他肯定会埋怨自己运气太差了，而不会对自己的处境加以冷静的思考。 其实，这件事对他而言是一个深刻的教训，他应该一生都会记得这件事。

假如他不是抱怨运气不好,而是心态平和地倾听自己内心的声音,他会听到一个冷静的、微弱的声音在诉说——你没有理由去花费掉每一分,每一秒,以及其他不必要的浪费。 也许,合情合理的娱乐所花费的钱不值得可惜,因为这样的娱乐不但不会造成不良后果,还可以留下可回忆一生的美好记忆,并且不管什么艰难困苦都不会将其消灭。

有这么一个意外失业的人,他对失业毫无心理准备,而且一直以来,他从不考虑为将来做打算,花光了自己所有的储蓄。"想起这些来我就后悔,"他也很悲伤,"15年来,如果我一天能够存上10美分,坚持不懈,那么我现在最少应该有500多美元,这还不包括利息。 实际上,我不会只存到那么一点钱,想到自己以前总是犯傻,我现在真后悔啊! 我现在这样真是自作自受呀!"

也许,不起眼的小事可能会是生活中最重要的事情。 不积跬步,无以至千里;不积小流,无以成江海。 忽视点滴积累的后果总是非常严重。

一美分对于你而言可能不算什么,但是它却使财富得以茁壮成长。 如果我们想拥有娇艳的鲜花,吃上新鲜的蔬菜,我们就必须播种,把种子播种在肥沃的土壤里,用心去浇灌它。 如果我们有足够的运气,或许可以栽上一株就要成熟的花,否则,我们肯定得去播种,才可能收获果实。

每一个硬币都是一棵财富之树的种子,是我们人人都想得到的财富之树的种子。 如果你幻想自己能够拥有这样一棵树,如果你想年老的时候能够安享晚年,那你就要开始行动了,日积月累很重要。 从现在开始，要积攒一分一角的硬币啊！

如果一个人能够开源节流，合理利用自己的收入，避免不必要的开支，那么身体健康、头脑清醒的人都能够自给自足。 但我们不幸地发现，这又是一件世界上最困难的事情之一。

许许多多的人愿意做艰苦的工作，但是能够做到生活俭朴、勤俭节约的人只占少数。 他们的收入没过多久就会被吃喝一空，且从不拿出一小部分作为积蓄，以应付疾病或者失业等紧急情况。

因此，当金融危机出现的时候，在工厂倒闭的时候，在资本家冻结资金不再投资的时候，他们陷入了困境，甚至走投无路。 那些有多少钱就花多少钱的人，从不考虑将来怎么过的人，日后可能比乞丐还要悲惨。

"如果他很聪明，并且有一定才能，"菲利普·阿莫说，"一个节俭、诚实和有经济头脑的年轻人根本不会无路可走，相反他会拥有很多钱财。"在被问到什么品德使他成功的时候，阿莫说："我个人的看法，节俭和讲究经济是最重要的因素。 我从我妈妈对我的教育中受益匪浅，我继承了苏格兰先辈们的优良传统。 他们都很节俭，讲究经济原则。"

罗素·塞奇说："每一个年轻人都必须明白，只有让他养成节省的习惯，他才能积累财富……在最初的时候，即使只节约几分钱也要强过没有任何的储蓄。 随着时间的推移，他将会发现拿出一部分作为积蓄并不是很困难的事，相反做起来易如反掌。 储存在银行里的钱的增长速度会令你吃惊，那些能够做到这些并且持之以恒的人将会有一个幸福的人生。 有的人总是哀叹他没有变得富裕起来，那是因为他把他的全部收入花掉了。"

安德鲁·卡内基说："一个人应该学会的第一件事情就是攒钱。然后，慢慢地他会养成勤俭节约的好习惯。只有做到节俭，才能拥有财富，节俭是文明人最低的生活底线。节俭不但能创造财富，而且还能修身养性、淡泊明志。"

正确思维引导美好人生

　　一个人在难过时，不能马上着手解决那些重要的问题，更别说对影响我们一生的大事做出决断，因为难过会使你的决策受到影响。

　　人的精神上如果受到极大的创伤或感到难过时，需要别人的安慰。这时，人往往无力考虑别的问题。遭受极大挫折或失望后的女子，她们竟会决定去嫁给自己根本不爱的男子，这就是一个极好的例子。

　　因为事业上遭受一时的挫折，很多男人都会宣告破产，其实他们只要继续坚持下去，扭亏为盈的希望是很大的。

　　极度的刺激与痛苦也有可能使人想到自杀。即使他们知道，所受的痛苦只是一时的，总有解脱出来的一天。因此，当人们的身心受着重大伤害、受着极大痛苦时，他们没有了清晰的理智，更做不出正确的判断。

　　一个人在希望彻底消失、精神极度挫败时，仍能保持乐观，仍然能够非常理智，这十分不容易，但就是在这样的环境里，我们究竟应怎样做才能真正使自己转危为安呢？那么，什么时候最能显示出一个人究竟是否有真实的能力呢？当一个人事业碰壁，朋友们劝他放弃，说他在做着注定毫无结果的事情，说他是多么不理智，而他仍坚持不懈，努力奋斗，他的真实才干这时最能显示出来。

　　许多年轻的作家、艺术家和商人，在他们的职业活动遇到失败的时候，会马上放弃他们的职业，而去做跟他们天性不符的职业。到头来，虽然对所选择的新职业没啥兴趣，但也只能勉强去做，他们怕再摔一跤，遭到别人的嘲笑。

智慧和机智什么时候最有用呢？ 那就是当一个失败者在面对别人的嘲笑时，比如："你做这件事情，真愚蠢！ 你既无办法，又无力量，还不如回家享福，这种无谓的牺牲，是多么的愚笨呀！在工作中付出更大的代价，不如早早回家为妙。"

种种引诱与嘲讽，使年轻人一遇困难便思念家乡，随即抛弃职业，回到家乡，回归到原来毫无生气的生活。 其实他们只要再坚持一会儿便见光明，他们的事业也会取得成功。 有一些才华横溢的年轻人，到国外去学习音乐和艺术，因为受了挫折而思念家乡，没有读完书就回国了，之后又异常懊恼。

又有许多学医的学生最初学习热情很高，但是越到后来就越感到解剖学和化学的辛苦，又嫌在实验分析室里见到的景象实在是惨不忍睹，于是好学变成了厌恶，最终一事无成。 有的年轻人因为一心想做大律师，于是去法学院专攻法律，但是后来读到法律上深奥难懂的部分，便立刻中止研究，认为自己生来就不是做律师的料。

别人都已放弃了，自己仍旧坚持；别人都已后退了，自己依旧前进；眼前没有光明、希望，自己依旧不懈努力——这种精神，便是一切创造家、发明家和伟大人物最终取得成功的原因。

平日里，常有一些上了年龄的人说这样的话："假如我一开始就努力，遇上挫折，但仍旧按着我的志向去做，现在大概已经有所成功。"许多人的晚年都是在壮志未酬和懊恼的心境中度过的，而当初鲁莽地做出决定，就是因为年轻的时候他们立志不坚，一受挫折便停止了自己的努力。 不论前途多么黑暗，道路多么曲折坎坷,你总要等待忧郁过去之后,才可以决定你在重大事件上的步骤与做法。 很多需要解决的重要问题,一定要在头脑最清醒判断力最佳时才做决定。 悲观时,千万不要试图决定有关自己一生转折的问题,而要在身心最快乐、最得意的时候才去处理这些问题。

一个人头脑中一片混乱、倍感绝望时,乃是一个人状态最不好的时候,这时人最易做出错误的判断、糟糕的计划。 如果要对什么事做打算,一定要等到头脑清醒、心神镇静的时候。

一个人恐惧或失望时,就没有精辟的见解,也没有正确的判断力。 因为正确的判断建立在健全的思想上,而健全的思想的基础又是清晰的头脑、愉悦的心情。 所以,忧虑沮丧时一定不要做出重要决断。

只有等到自己头脑清醒、思维敏捷的时候,我们才能计划一切,才能决定一切。 一个人在沮丧时,精神便会分散、无法集中。 而消除沮丧、进行健全思考的基础是心态平和,具有乐观的精神,理性的心智。

1. 选择你自己的生活

记不清楚什么时候,有一位朋友这样对我说:"我非常喜欢我的工作,我爱我的家人,我的生活过得非常的安逸,我一回到家里,立马就能全身放松,我觉得我非常幸运。 但当我开着车子奔赴城里,匆匆忙忙上班时,我马上就会产生一种紧张感,往往要过数个小时才能把这种紧张的感觉摆脱掉。"

我立马迅速答道:"不要勉强自己,更不要为难自己。"我对他说,"你用不着开车上班,你可选择乘坐其他交通工具去上班。 如果你开车会产生紧张的心情,那么开车对你没有一点益处。"

他接受了我的建议,他的生活质量得到了提高。

我当然不是说开车不好，开车虽然会令某些人感到紧张，但也会令其他一些人感到轻松。我要说的是，千万不能做自己做不到的事。

有不少人逼迫自己做一些力不能及的事情，是因为他们以为别人盼望他们这样做。如今很多人都有自己的车子，所以我的一位事业有成的朋友也觉得他必须开车——事实上他并不愿意开车。

你不能一方面想轻松，另一方面又在苦苦逼着自己，这跟常理不符，根本无法实现。尽管生活中有某些事情是你必须要做的，可是这并不妨碍你选择你不想做的事。一个有思想的正常人，有权利选择适合自己的生活。

可是现实中，我们通常就是我们自己最大的敌人。许多人就是不断地逼迫自己，比一个吝啬的老板更严厉地逼迫自己。他们可能为自己这种紧张的生活寻找了很多借口，说他们只是为了想赚更多的钱，或是想要让自己的生活更美好，其实他们只是在自欺欺人。他们也经常破坏他们所渴望达成的生活目标，甚至使自己的心理扭曲。

想要获得心情轻松，你一定要有自知之明，应该知道怎样工作最有效率。如果你所负的责任十分重大，你也一定要知道找一个合适的时间卸下这些责任。

你应该充分地了解你自己，你只是一个人，不是整个组织，也不是整个团队，你的能力是有限的。不要妄想你自己可以胜任某些你根本没有能力做到的工作。

有时候，因为环境等因素，人们会去做一些他们力不能及的工作，使得他们非常紧张并充满怨恨。这时最好将怨气发泄到除了工作之外的地方，找一个出气筒，便于你出气。因为把这些怨气隐藏在内心会影响你的身体健康，使你无法获得彻底自由。

睡眠能够使我们获得彻底地放松。睡觉时，我们会忘掉所有的烦恼，不再担心曾经让我们为难的人，接受我们自己所有的缺陷。睡眠能够为我们带来解脱，它能让我们休息，养精蓄锐，使我们能够应付变化莫测的生活。

2. 学会展现你自己

你应该把全部的自我在你所做的事情中展现出来。如果你自己还不够伟大、还不够慷慨、还不够高尚，那么，你的整个生活和工作都会糟糕透顶，你的话语根本得不到别人的关注，你的影响力就会微不足道。反之，如果那个自我是真诚的、高尚的、纯洁的、善良的、身心健康，那么你说出来的话将掷地有声，你的工作业绩将会异常出色，而你的地位将会越来越高——你甚至可以做你愿意做的任何事情。

一个画家在展示他的画时，实际上是在展示他自己，画家的作品集中展现了他独特的性格品质。每一段难舍难分的感情，每一个激情四射的行动，以及画家所处的生活环境都会在他的画中毫无保留地展现出来。虽然我们每个人都可以作画，但是能流芳百世的就只有那些异常优秀的作品，这是任何人都不能改变的一个现实。只有那些真实的、纯洁的内容，才能经受得住时间的检验。至于那些虚假的、不纯洁的、伪劣的，那些假冒的作品都将被世人遗弃。

有个美国人把一盒金沙送到波士顿的化学家的实验室去化验，他这样做并不是怀疑自己所提供的矿砂的价值，而是希望自己的东西能对科学研究提供帮助。但是化学家的化验报告说，盒子里装的只是黄铁矿砂而已。

同样，也有很多人曾经被人误解是"金子"，但在经过实践的证实后，得到的结果却是不尽如人意，他们其实不过是黄铁矿砂而已。 人世间，更有真正的乞丐住在金碧辉煌的王宫里，而真正的精神上的富有者却在孤独贫困里离开人世。 有一个居住在德克萨斯州的印第安酋长有一次去火车站买车票，交款时他拿出了在自己部落通用的珍贵的贝壳和珍珠。 但是，售票员不把火车票卖给他，他特别愤怒地问："我是部落里最富裕的人，怎么会买不起你们的车票？"在部落的时候，他确实是很富有的人，但在文明世界里，他却十分困乏。

很多在物质上很富有的人，如果以人格道德来衡量他们的话，就会发现这些拥有万贯家财的人甚至连做他人身边的仆人去服侍他们的资格都没有。

"你挣钱真容易，"一个商人对一个编辑说，"我每天必须在我的办公室里熬9个小时，但是你只需要坐在你的办公桌旁，轻松地编上几个小故事，就能够得到非常高的稿费。""你没有过这样的经历，"编辑回答道，"我的工作永远只有开始，没有结束，当然对那些没有价值的东西我向来是看不上的。 我的朋友，当我每次遇到一个陌生人时，我都会思考他的面貌长相应不应该将他写进一个故事里去；每次我听到对话，我都会考虑去粗取精用作素材；每当我看到大自然里的绚烂景色，我都会想要将它描述一番，以便让别人能够通过印刷出来的文字会体验其中的美妙。"

美国内战时期的南方联邦副总统亚历山大·斯蒂芬斯是一位个性独特、卓尔不群的人物，联邦政府这个议案便是他提出来的，而由他策划的南方与外国政府结盟的方案也很成功。 林肯听说了他的诸多事迹，但在第一次见到他很是震惊，因为站在林肯面前的是一个看起来精神萎靡、毫不起眼的人，显然他的外表与他那聪明的大脑看起来一点也不相配。 林肯认为他的身体很强壮，不料他的身材却特别瘦小，林肯开玩笑地说："你是我见过的包在最小的豆荚里的最大的豌豆。"

绅士是坚固的桃心花木，而盲目追求时尚的人只是一块脆弱的碎木板。有的人希望世界对自己有用，而有的人希望自己对世界有用。

"把你的面具赶快摘掉吧。"卡莱尔曾大声疾呼，"让我们瞧瞧你究竟是什么样子。毫不正经的玩笑，笨拙搞笑的伪装，欺诈的哲学，幻想的博爱情感，虚伪的君子作风，拒绝这些！让我们看看你真实的一面，你的真正的想法。坚强起来，你便是独立、真实的自己，不管是什么样的，一定要是真实的。"

我们做的每一件事都涵盖了很多内在的东西，而且常常还昭示着我们的未来。我们的一举一动都向世界展示了我们经历过很多生活的磨炼。通过我们所发出的光，人们就会知道我们。不管我们是多么的卑微渺小，我们的心灵之门都有可能露出一条缝隙，从那里他们能够窥视我们最为隐秘的想法。而那些事先经过深思熟虑的有意识的活动，往往反映了我们内心的欲望与追求，然而事实上，唯有从那些心不在焉的、自然随意的行为中，才能够看出我们内心的想法。

一生中最残酷的战斗往往发生在我们的内心中，只有上天知道我们到底是在进步还是在退后，知道什么时候害羞和耻辱的旗帜被推倒，真善美的旗帜被竖举起来并高高飘扬。无论是在我们的脸上还是在我们的所作所为中，都印上了我们的成功与失败。正如晴天与雷雨、日出与日落会在森林中的树根、树枝和表皮上留下不可磨灭的岁月痕迹一样，我们的每个想法、每个动机，也都在我们的生命中留下不可磨灭的痕迹，思想最终让我们焕然一新。

积极进取就是力量

人生首要事情，就是要保持我们的能力在最理想化的状态下储备我们的精力，维护我们的身体，以使我们对付任何事都能用尽全力。 保持自己在可能的范围以内能够做所有大事情的一种情形中，这是每个人的一种自然的责任。

现实中有不少青年男女，有可以成大事的本钱，但却只能做些微不足道的琐事，由于处处受牵绊而度过其庸碌的一生，因为他们体力甚缺，也缺少生命力，因此没有能力去排除横在途中的各种阻碍。 说到自爱第一，须从精神上珍爱自身。 人在心中怎样想他自己，他就会变成怎样。 他的内外的生命历程，都是他心中所想的体现。 所以，假如你自己想成为某一种类的人，你就该把你自己当做那类的人看待。 对自己非常重视是自爱的第一要素。

我们可以看见机关中有许多办事员，整天浑浑噩噩，浑身上下不得劲。 这是他们不正当的生活、不正当的想法、不正当的习惯造成的结果。 这些人的一生中不能做出大成绩来，这是不会令人诧异的。 当前，有着种种的大好机会，只因自己的精力已在不正当的情形下消耗掉，因而没有力量去抓住那些机会，或者虽能暂时抓住，最终还是被溜了过去，这真是人世间所能品尝到的一种最令人沮丧的经验啊！

很多人对待自己的身体，往往不及对待他们自己的宝贵的机器，或其他可以从中取得丰厚利润的物件那样认真。 举个例子，就拿消化系统来说吧。 消化系统是供给我们全身能量的机关，然而我们对待它的方法却总是不恰当。 我们总要消耗掉它绝大多数能量，耗费在消化各种过剩的或垃圾的食品上，而在消化必需食品时，反而发生问题。 有些人，则与上面所说的那些人恰好相反，为着要"经济"的原因不去充分地摄取必需的各类营养，因之全身的各部分组织，都呈现一种半饥饿的状态。 有些人则为了要珍惜时间或勤奋过度等放弃了一切必需的应有的休息及娱乐，因而损坏了他们的生命力。

浪费生命的人是一种至坏的败家子。 这种人比那些浪费金钱的败家子还要更坏。 他们简直是在自杀，杀掉他们自己生命中的种种机遇、成功。 从有限生命的角度来说，不爱自己与不爱他人，同样是一种大罪恶。

效率是人生第一大事。 假如你想在世界上有所表现，则你的时间是宝贵的、精力是宝贵的。 精力是你的生命资本，你要把它谨慎地抛掷在有意义的地方。

1. 学会管理你的情绪

能控制自己的情绪，统治自己的心灵是每一个伟人的特征。一个善于控制自己情绪的人，可以消除忧虑、解除烦恼，这和化学家以碱性来中和酸性是一样的原理。 不懂化学的人不知道中和的道理，还把这些东西错误地溶解在其他液体中，不但无法中和，酸性反而更强。 化学家们都了解酸性的效果，以及与其他化合物溶解后的效果。 一个会控制自己情绪的人，他知道用幸福的解药来消灭灰心丧气的神经、忧郁的思想。 用乐观的思想能消灭悲观的思想；用和谐的思想能消除偏激的思想；用友善的思想能消灭仇恨的思想。 因为知道种种控制自己情绪的方法，他的心灵便脱离了痛苦。

面对自己思想上的种种忧虑和烦恼,很多人都没法将它们消灭,原因在于他不明白心灵上的化学原理。谁都会面临心灵上的烦恼,不过到了一段时间里,我们要用理性的力量来指导自己,用适当的消毒药来消灭心灵上的各种忧虑。一旦你的心中充满了悲观、固执、仇恨的思想,你应该马上转到相对立的思想上,这样就能产生乐观、和谐、友善的思想,这原理如同把冷水管的龙头一开,沸水便会立刻降低温度一样。像调节温度一样调节自己的情绪是我们应努力做到的,在水太热的时候就要把冷水管的龙头打开。发怒时,就马上转到友爱和平的思想上,这样自然就能使怒火烟消云散了。有了友爱的思想,仇恨便被消灭了。有了爱人如己的情绪,就不会产生猜疑和报复的恶念。很多人并不是因善美的思想来代替恶念,他们认为只要把恶念消除掉就可以了,因为他们不了解,驱逐恶念最有效的武器是善美的思想。谁也没办法去掉屋里的黑暗,可是,只要有了光,黑暗便无影无踪。他们以为脑神经只受思想的影响,其实并不是这样的。生理学家发现在盲人手指头上,同样有着敏感的神经质。很多盲人有种令人惊异的技术,例如能分辨织品精粗,还有颜色的浓淡深浅,这一切都证明思想并不仅限于脑神经。

2. 希望就是一切

常言说得好,生命与希望同在。只要你认为你可以享受人生的乐事,只要你自己服从这个乐观的思想就行。

遗憾的是,许多人极端地对待他们自己的生活,他们不在金钱上苛刻对待自己,而是在思想上苛待自己。他们的思想空虚,精神匮乏。他们的心理承受能力不是一般的差,任何一件小事都会左右他们的生活。也有身残但志却不残的人,他们虽然经受着病魔的肆虐，但是他们的精神无法战胜，他们不向困难屈服低头。积极上进的力量加上他的心律调节器能使他过上一种幸福的生活。你的心脏应该做自己的心律调节器？那么，就让你的自我心态做你的心律调节器好了。让你那乐观积极的自我心态给你面对困难的力量，坚持不懈，精心打造你美好的未来，你的希望就在这里。

很多人年少时，都认为"智商"是一种特别重要的东西。人们都热衷于做些"智慧"测验，想知道自己有没有成功的潜力。只要他对很多问题都回答正确，那他就是一个"天才"；如果他答错了很多问题，或者根本答非所问，他便被认为愚笨，肯定是个傻瓜、一个低能儿。任何人，如果在"智商"测验中获得比较高的分数，人们都相信他肯定会成功，相反，如果得分很低，人们便认为他没有什么前途。事实上，"智商"评估出来的"价值"并不能相信，这种怀疑已经获得证明。许多年来，不少"智商"高的人毁了自己的一生，也有不少低智商的人在事业上获得成功，他们有的还取得了很大的成绩。从你的幸福角度来想想，你的自我心态要比你的"智商"实在得多，这是你应该知道的。在我看来，这似乎是非常明显的事情。就算你比爱因斯坦还要聪明，跟艾斯泰尔一样漂亮，跟尼劳斯或格雷普莱尔一样高尔夫球打得非常棒，但是如果不相信自己，找理由使你自己降低标准的话，你的人生肯定一团糟。如果你的自我心态太差，你所有的优点都将消失不见，你就会想办法折磨你自己。不管你做什么，你都感到自己痛苦不堪。因此，当你重新开始新一天的事情时，你要找些很有把握的事情来做，使你好好地开始，不要问你自己："我今天的智商怎么样？"反之，你要扪心自问："我的自我心态怎样？"你的"智商"一文不值，因为它受控于别人的意识。你的自我心态才是最重要的。它全看你自己的看法如何而定，如果你不相信自己，你便不能主动地发挥创造的功能。 只要你的自我心态完整，你根本不用管你所谓的"智商"，你只管做你喜欢的事情。 当你在街头散步而阳光普照大地的时候，你的心情也和阳光一样灿烂。

　　我们生活在一个非常复杂的社会里，我们每天的生活都十分忙碌。 一个基本的事实是：任何人的心中，都有着要在这个世界上求得成功生存的本能。 阻挡你的因素缠绕着你，正如《窈窕淑女》中的希金斯教授所说的一样，唯有上帝知道你的亲戚会不会报复你。 但是，你的心中，你们任何一个人的心中，都有着一种想获得成功的本能，那就是究竟什么机遇能使你获得成功。 你的成功离不开这些本能，若把它用于奋斗中，它将能提升你的事业让你成功。 你必须跟自己分辨出谁是谁非；你必须下定决心你是否决定要过幸福美满的生活；你必须使你自己相信：你有权享受美好的人生。 当然，这件事并不好办，因为，我们所受的教训大都是：苦难一直没有离开你。 这是一种信念：当你不小心灌了自己一肚子毒药的时候，你除了用最快的速度把它吐出来外，别无他法。 你应该时刻提醒你自己：我能够尝试成功与快乐的味道，并且，你还必须有拼搏的标准。 它必须是你自我心态之中的一种成功，不然便是一种失败。

珍惜时间，改变你的一生

许多伟人为什么能够百世流芳，一个重要的原因就在于他们十分珍惜自己的生命。他们在一生有限的时间里，争分夺秒地为实现他们的人生目标而努力，他们不断地努力、拼搏、前进。意大利文艺复兴时期，几乎所有的文学创作者同时又都是努力踏实、勤勤恳恳的商人、医生、政治家、法官或者士兵。

著名的物理学家迈克尔·法拉第年轻的时候做过学徒工，在空闲的时候，他不停地做各种实验。有一次，他写信给朋友说："时间是我最宝贵的东西。我从来不敢浪费我有限的时间。浪费时间对我来说，就是在浪费我的生命。"是啊，只要把一些零零碎碎的时间积攒起来加以利用，什么伟大的事情都能完成。滴水成河，铁棒也能磨成针。贵在点滴积累，持之以恒。不浪费一分一秒，有效地利用一切可以利用的时间，什么事情都可以完成。德国伟大的自然科学家亚历山大·洪堡每一天都要处理很多繁琐的事情，整天都忙忙碌碌，只有在夜深人静的夜晚或许多人睡梦正酣的凌晨，他才能抽出时间来进行科学实验。

只要每天珍惜时间，甚至惜时如金，并有效地用于自我提高，积累自己的知识，坚持下去，你一定能成功。这样长久持续，那么，一个毫无知识的文盲可以变成一个博学多才的人。光阴似箭，岁月如梭，时光一去不复返。我们应该加倍珍惜时间，我们应该努力学习一些有价值的东西，不断地积累知识。如果每天花一小时学习知识，一个男孩或女孩可以边思考边阅读地完成二十页书，那么一年后，他或她可以看完七千页的巨著或者更多的书籍。每天坚持阅读一小时将使你人生发生极大的变化，决定了你是白混日子还是过着一种充实的、有意义的、幸福美满的生活。 每天一小时能够使一个名不见经传的人成为一个远近闻名的人。

在懂得了时间的巨大价值之后，你可以发现，那么多的青年男女在任意地挥霍自己的时间，每天要浪费两个小时，或者更多的时间，这是一种多么触目惊心的浪费——这简直是在慢性自杀！ 当生命快要结束、日子不多的时候，他们才想到应该珍惜时间。 但是懒惰的恶习已经根深蒂固，无法改变了。

每一个年轻人都不能随意浪费宝贵的、正悄悄流逝的时间，应该学会珍惜并有效地利用时间。 你可以把业余时间用于改良你的本职工作，让你的工作做得更好；你也可以将其用于开拓新的领域，让自己有更大的发展。 不管是什么，你都要做到珍惜时间。时光像流水一样匆匆过去，不要让时间从你手指间流逝，你应该时刻发奋努力，与时间赛跑。

"据我了解，阻碍一个人成功的最重要因素就是没有明确的奋斗目标，从而虚度年华，"伯克有过这样让人深刻反思的评论，"没有明确的人生理想，他就会四顾茫然，思想消极，不会去积极进取，这样的后果是白白浪费自己的大好年华，结果一事无成。"

谚语云："一寸光阴一寸金，寸金难买寸光阴。"时间的价值可见是多么重要。 很多人充分利用了别人随手虚掷的时光，在零零碎碎的时间里获得很多好处。 那些总是认为自己太忙碌的人，他们真的在一天里抽不出一个小时用于提高自己的素质修养吗？

查尔斯·弗罗斯特的制鞋手艺在佛蒙特州非常有名，他每天都要挤出一小时进行自我提升。 他的努力拼搏最终有了骄人的成功，他变成了全美赫赫有名的数学家之一，并且在其他领域也取得了骄人的成就。

为了挤出更多的时间从事科学实验，病理解剖学奠基者约翰·亨特对自己严格到每天只睡四个小时。大名鼎鼎的科学家欧文先生花费数十年整理了亨特有关解剖学的材料。他的解剖学材料包括两万四千多件标本，这都是亨特长时间辛苦工作换来的宝贵财富。对于一个几乎没有受过什么学校教育、没有什么文化的人来说，这是多么难能可贵啊！一位意大利著名学者也在自己的门上写下了这么一句话："任何在此逗留的人不要阻碍我的工作。"这句话使那些上门找他闲扯的人望而止步。卡莱尔、丁尼生、布朗宁以及狄更斯都曾经和街头的手风琴师发生过纠纷，因为那些手风琴师使得他们无法全神贯注地工作。

那些历史上闻名的人，有大多数都是在他们正常的工作之外，充分利用别人轻易浪费掉的点滴时间，刻苦勤奋，从而获得成功的。英国哲学家宾塞在爱尔兰担任秘书期间，充分利用闲暇时间不断地进行自我提高，成为了一代大家。

英国银行家与历史学家约翰·卢伯克以其出色的学术研究在学术界赫赫有名，他们的成功都离不开他们争分夺秒的工作。浪漫主义诗人骚塞因为把时间当作生命，不断努力，最后谱写了伟大的史诗巨著。霍桑的人生向我们显示他是一个勤于动手、喜欢笔录的人，他总是随时把自己闪现出来的灵感记录下来，这些珍贵的材料成为他取之不尽、用之不竭的财富。

对工作非常认真、专注的富兰克林，他尽可能地减少自己用餐和睡眠的时间，为的是使自己可以利用更多的时间学习。当他还是一个孩子时，他就对父亲每次在餐桌上滔滔不绝的感恩祷告颇为不满，并询问能否简短地说完所有的祷告词，从而节约时间。他的一些传世杰作，诸如《航海的改进》和《冒烟的烟囱》等，都是利用海上航行的时间完成的。

意大利文艺复兴时期伟大的艺术家拉斐尔也是一个视时间如生命的人。这位极富才华的艺术家虽然只活了三十七年，但他短短的一生像璀璨的流星划过天空一样，留下了很多不朽的传世杰作。对于那些以"没有时间"为借口而随便浪费时间的人，他们挥霍宝贵的时间就等于是在加速死亡的步伐。

1. 办事准时，从不拖延

遵守时间规定对工作很重要，同时也代表了一个人的明智与信誉。商业巨子阿蒙斯·劳伦斯从事商业生涯的前七年里，他对工作非常认真负责，常以最快的速度做完手头的工作。守时，还是一种有风度的表现。有些人总是手忙脚乱地完成工作，任何时候都是一副匆匆忙忙、慌里慌张的样子，让你觉得他们好像总是忙忙碌碌。那是因为他们没有掌握合适的做事方法，所以很难取得一定的进步。商业界的人士大概都了解，商业活动中的关键时刻会决定以后几年的业务发展状况。如果你到银行晚了几个小时，票据极有可能无效，而你借贷的信用度也将受到无法估量的损失。

学校生活显著的优势就是有铃声喊你起床，告诉你什么时间该去晨读或者上课，培养你遵守时间的习惯。每个人都必须有一块表可以随时看时间，事事习惯"差不多"不仅对自己不利，从长远来看更是得不偿失。

"哦，我非常喜欢那个无论做什么事情都准时的人！"布朗先生说，"你很快就会发现，他是一个值得信赖的人，并且短时间内就会让他来办一些十分重要的事情。"具有办事一贯准时、从不拖延的良好名誉，这就等于迈出了成功的第一步。有了第一步，成功便不再是很困难的事情。

做事情从不拖延是取得别人信任的前提，这将给你带来运气。这个道理说明，我们的生活和工作是按部就班、整齐有序的，这样别人才能信任我们能出色地完成手中的事情。遵守时间的人一般都不会失言或违约，他们非常值得信赖。

火车司机没有时间概念就会造成严重的车祸事件。一家在本行业名列前茅、资金雄厚的公司倒闭了，是因为代理机构在得到命令后没有把重要的资金按时转移过来。如果赦免令早到五分钟，那个无辜的人就不会冤死刑场。一个人停下来听了十分钟十分无聊的谈话，他坐车或坐船旅行的计划就会因为晚了一分钟而只能延期旅游。

2. 学会控制时间的艺术

①目标原则。要选好目标，用目标来合理分配时间，用ABC法选择目标，运用目标管理法管理时间。

②计划原则。时间要安排在计划中，时间要用计划管理，管理时间要制订计划，进行检查、调节。

③整体原则。整体运用，全面规划。

④优化原则。对时间管理的总体安排、时间预测、工作顺序、使用价值等方面实行优化。

⑤效率原则。向效率要时间，时间是效率的分母，速度是效率的根本，科学是效率的"专家"，拖延扯皮是效率低下的"奴仆"。

⑥集中原则。抓住重点、排除干扰、全神贯注、集中使用、分散与集中结合，才能坚持集中的原则。

⑦容量原则。要有螺丝钉的精神，学会挤时间，要在百忙中挤、用网络法挤、用压缩法挤、要不间断地挤。

⑧动态原则。 要把握住今天的动态，反思过去，展望未来。

⑨最佳原则。 要抓住最佳年龄，充分利用最佳时间，把握最佳时机，保持最佳精神。

⑩辩证原则。 掌握进与退、快与慢、动与静、成与败、退后与前进的辩证法。

⑪有序原则。 工作秩序条理化，工作目标明确化，工作方法科学化，工作流程有序化，工作内容简明化。

⑫弹性原则。 保持生活整体平衡，文武之道，一张一弛。

学会节约时间：

人们拥有的时间是有限的，我们不能使时间增多，但却能节省时间。 下面是可以节约时间的十个方面：

①不乱买东西。 东西买多了，不但浪费人力，付出的也不仅仅是金钱，还要赔上时间。

②不随意许愿。 知道办不成的事却随意许愿，徒劳奔波肯定会浪费时间，不如干脆丢下为妥。

③集中精力和时间去解决可以解决的难题，但有些难题是一时半会儿解决不了的，干脆丢下为安。

④当别人跟你絮絮叨叨地说话说很长时间时，你得善于做到既能打断对方而又不致失礼。

⑤不贪看电视。 事先查阅电视预告，仔细地选择你所想看的节目，不要没有目的地随便乱看无聊的电视节目。

⑥做好计划。 攻一个学位、完成一个项目需要多长时间？ 每周又能参加几次约会？

⑦花上半个小时找一件工具或订书机，是让人最烦恼的事，要让事情或东西井然有序。

⑧维修保养耗费很多钱和时间，轻视维修则要花更多的时间和

更多的钱。

⑨当你在等待的时候，千万要记得做些事情，不要浪费光阴。

⑩不幻想未来。 忘记努力，今天将过去，明天也是空想。

夺取时间的方法：

①把该做的事，按照重要次序的先后，事先加以按序排列，把握主动权。

②每天开始工作的时间，应比规定的上班时间早15～30分钟。

③开始工作前应把有用的报告、资料在桌上摆好，以免丢三落四，临时查找而浪费时间。

④合理地处理电话、电报和信件的干扰，记住不能过多沉浸其中。

⑤在办公地点尽可能多地放置一些工作需要用到的手册、书籍、参考材料和工具书，以便在处理工作需要时随手可得。

⑥每个人一天中均有最佳工作时间，应把最困难的或者最重要的事放在工作效率最高的时间去做，而例行公事则放在精力较差的时间去处理。

⑦应勤奋记录。 当有了好的创意、构想、观点、依据等灵感时，应立即记录下来，以便需要时随时拿起来使用。

⑧训练速读能力。 如果阅读速度提高二到三倍，那么办事效率也会提高更多。 因为知识越多，越能闻一知十，举一反三。

⑨随时不忘工作。 充分利用等待的空闲时间来工作。

⑩开会的时间最好选择在午餐时或下班前。 你会发现，这样处理事情往往更有效率。

⑪当遇到一位健谈的来访者，最好双方都站着。 这样可有效地防止来访者转弯抹角，促使他很快地道明来意。

⑫把相关的事归纳在一起，这样处理一件，其他的事即可一块

解决。

⑬精力疲乏时，饮口茶或到窗前伸个懒腰，即可精力充沛。

⑭晚上沉思。 每晚花费一小会时间回忆一下当天的工作，总结一下成功与失败的经验教训，久而久之，会受益匪浅。

永远不要抱怨工作

世界上大多数人都从事着跟自己的天赋不太匹配的职业，这就好像所有人被彻底地打乱秩序胡乱编排在一起，彼此交换了自己本来应有的位置一样。 售货员想当老师，而天生适合当老师的却去做生意了；天性适合做农民的人却去做了法官，而适合当法官的人却在管理着每况愈下的农场。 于是，每个人都强烈地认为自己怀才不遇从而异常苦闷。 应该埋头苦读希腊语和拉丁语的孩子却在环境恶劣的厂里拼命干活，而成千上万本来能够管理好农场或船员工作的孩子则在大学里无所事事地浪费时间。 本来只配粉刷篱笆的人却去做了在画布上涂抹色彩的画家。 站在柜台后的店员根本对所卖的产品不感兴趣，所以在马马虎虎地接待顾客的同时梦想着能成为伟大的作家。

有个手艺不错的鞋匠为自己社区的报纸写了几行诗歌，朋友们就把他称为诗人，于是他认为自己适合写作，不再做鞋，而把自己关在家里写诗。 别的一些鞋匠在国会里滥竽充数，而真正的政治家却在大街上辛勤地扫马路。 没有神职天赋的人在言语不清地布道，而真正的牧师却成为了生意场上并不如意的商人。 很多人非常困惑：为什么大多数人不去做真正适合他们的工作呢？ 一个从小喜欢修鞋的孩子，竟然一鼓作气上到大学，从此学起了他毫无兴趣的课程，最终没有什么成就。 真正的外科医生整天上山去砍柴，屠夫们却在医院里给人截肢。

富兰克林说："不知道自己适合干什么工作的人最终会一事无

成,而只有从事天赋擅长的工作,他才能功成名就。 站着的农夫要比跪着的贵族更有尊严。"一个人做什么样的工作能强烈地影响到他的生活。 一个人从事他喜欢的职业能使他身体强壮,思维敏锐,纠正他的缺点和错误使他更富有创造力。 职业使他得以展开自己的抱负,使他开始积极努力,不断奋斗,让他觉得自己是个真正有价值的人,这就很有必要使自己处在真正适合自己的位置上,完成真正的自己必须完成的工作,承担真正的自己必须承担的责任,并表现出真正的自己的勇气与魄力。 如果从事的不是自己喜欢的职业,他就觉得自己不是一个完整的人。 无所事事的人称不上是完整意义的人,他无法通过工作来展现自己与他人的不同。 一百五十磅的肌肉和骨骼并不是一个真正的人,一个大脑袋也不足以成为一个真正的人。 骨骼、肌肉和大脑必须组合起来,知道什么是适合自己的,进行健全完整的思考,另辟一条成功的蹊径,勇于承担责任,做到这些,才能真正造就自己,使自己功成名就。

1. 精通工作的所有细节

如果你天生只适合做一些微不足道的小事,那么,一定要在这些毫不起眼的事情上做得比别人更好。 要竭尽全力、满怀热情、事半功倍地去做,用自己与众不同的工作方法使一件毫不起眼的事情成为一门艺术。 要全神贯注、兢兢业业地把一项毫不起眼的工作做成一项有意义的事业。 不管它是多么的渺小,都要像研究一项神圣的事业一样对它进行细致的研究,还要用尽全力学会这一工作中包含的所有知识和细节。 全神贯注是必不可少的,因为非凡的成就只属于那些专心致志的人,属于那些一旦确定目标就坚持不懈的人。

你想取得成功就必须从小事做起,只要与自己的事业有关,任何事情都要仔细认真,要对所有的细节知道得清清楚楚。 这些经验是斯图尔特和约翰·阿斯特成功的秘诀:在自己从事的职业中,他们精通全部的细节。 婚姻是爱情的连续,并且只有爱情,才能使婚姻生活的各种问题不解自明。 同样,只有对职业本身充满兴趣和热爱之心,才能使大多数人经受得住职业生涯中的挫折与磨难,最终成功,而不管他从事的是商业还是任何其他职业。

"以前我总是觉得自己是带着某种使命来到这个世界上的,到现在我仍坚信,我一定要完成这项使命。"惠蒂埃说这番话的时候吐露了自己的心事,他对自己充满了希望。 当今社会,在那些竞争非常激烈的行业,比如律师、生物学、医学、计算机或其他一些行业里,只有那些真正与众不同的、出类拔萃的人才会成功。 而天性的召唤、对职业的热爱、仔细、喜欢都是事业成功必不可少的必备条件。

假如一个人选择自己的职业仅仅是因为他的父辈曾经在这一领域成绩卓越,或者他的母亲希望他这样做,而自己对这一职业并不感兴趣,他还不如去扫大街算了。 在自己选择的平凡职业中,他或许能成为一名出类拔萃的人,而在其他不适合他的"好行业"里,他将可能终生碌碌无为。

2. 集中精力

"如果这样读书,你将受益良多,"西德尼·史密斯说,"那就是读得津津有味的时候,觉得吃饭时间提前了两个小时。 比如,拿一本李维的历史书细细地品读,马上能感觉到作者李维仿佛正站在你的身边为你倾诉那些英雄往事。 你读书时仿佛自己真的穿越时代了,这时候假如有人敲门,你要费几秒钟的时间才能清醒过来——自己一直就坐在书房里,而不是在伦巴底的平原上兴高采烈地观察汉尼拔历尽沧桑的面容，或是看他一只眼睛放射出光彩的明亮。"

只有专心致志地学习才能取得好成绩，这是唯一有效并经得住检验的方法。 查尔斯·狄更斯说："我要明明白白地告诉你，我对小说进行的构思或想象，都离不开我所养成的工作习惯，即对十分平凡甚至微不足道的事情进行专心致志的思考，每天做到这样，写成稿子后再不厌其烦地数次改写，精心地推敲。"又有一次，人们问狄更斯到底是如何成功的，他说："对于那些应该竭尽全力去做的事情，我从不会三心二意地对待。"

约瑟夫·格鲁尼在给他儿子的信中写道，"不管你在做什么，不管是学习、工作还是嬉戏玩耍，对每件事情都要全力以赴。"年轻人一定要铭记：做事情不要三心二意，一定要一心一意。"我朝着自己确定的目标努力，不能三心二意，好像这个世界上没有什么更好的东西一样。"英国作家查尔斯·金斯利说，"事实上，这也是勤奋工作者的成功经验。 当然，大多数人都没有把这种精神带到娱乐活动中去。"

生活中许多人最终一事无成的原因就是他们总是见异思迁，做事情不专注，什么事情都想尝试一下，这样难免会分散精力，这就阻碍了他们的进步，使得他们做不好任何事情。 他们没有采取一种更明智的做法，没有全神贯注地去做一件事情，没有不达目的誓不罢休的精神，最终也不能成为该领域出类拔萃的泰斗。 他们选择了在很多领域成为二流的庸才，他们异想天开，什么行业都有所涉猎，却又都是浮光掠影、浅尝辄止，只弄懂了一点点。

英国社会活动家、作家爱德华·利顿说："很多人看到我每天都在不停地处理繁琐的事情，什么事都亲自动手，竟然还能有时间来研究学问，他们都对我无比好奇：'你怎么会有那么多时间来完成这样多的著述呢？你是不是有什么神奇的魔力，可以做完这么多的工作呢？'可能我的回答会令你大吃一惊，答案就是我能有如此大的成就，是因为我从来不同时做几件事情。一个能把自己照顾得很好的人肯定不会让自己过于劳累。换句话说，如果他在今天拼命工作的话，那么随之而来的肯定是异常疲倦，这样的话，他明天就不得不稍微放松自己，这样的工作效率是很差的。我认为，我真正聚精会神的学习是在工作之余的时间里进行的。到现在，我觉得我的生活阅历和各种知识的积累方面，比我们这个时代的其他人都要好得多。我游历了很多地方，见多识广；在政界和各种各样的社会事务中，我也得到了很多知识；除此之外，我在各地出版了很多著作，其中涉及许多课题是需要深入研究的。我每天只有三小时研究阅读和写作，我不妨告诉你，其实上还不到三小时，在国会开会期间，或许连三小时都没有。但是，在这三小时之内，我却是一心一意地投入到我的工作中，心无旁骛，全神贯注。"

第五篇

投资自我

[美] 奥里森·马登

投资说话

查尔斯·威廉·埃利奥特在担任哈佛大学校长的时候曾经说过:"在对一个淑女或绅士的毕生教育中,智力开发的手段只有一种,那便是精确而优雅地运用母语进行交流。"

与善于交流相比,没有一种能力能让我们给别人尤其是初次相识的陌生人留下一个美好而深刻的印象。

从木讷到健谈,依靠出众的交际能力取悦别人,自如地吸引听众的注意,使他们听得津津有味、意兴盎然,这是需要付出巨大努力才能做到的,同时也是一次凭借自我奋斗脱颖而出的磨炼。 健谈不仅能改变陌生人对你的印象,还能为你赢得友谊。 它将为你敲开一扇扇心灵之门,使你在团队里面傲视群雄;在你不名一文时,健谈将助你在社会上迅速攀升,不断为你招揽客源;等你小有成就后,健谈还将有助于你成功地跻身上流社会。 能说会道的人都深谙以趣味叙事的艺术,他能够娴熟地驾驭语言,迅速激发听众的好奇心。 与那些能力相当、口才较差的人相比,这类人显然拥有巨大的优势。

或许你是一位杰出的歌手,苦苦寻求展示机会却不得,甚至自身所学无人问津。 但是,无论何时何地也不论到达人生的哪一站,有一点总是不变的:你需要开口跟人交流。

或许你是一名一直追随艺术大师脚步的画家,然而,除非你技艺超群,有能力让自己的作品悬挂在著名的艺术沙龙或画廊的墙壁之上，否则你的所有心血都会白费。但是，如果你懂得如何与人沟通交流，那么，每一个和你打过交道的人都会看到一幅关于你的人生画卷。这幅作品才是你应该从小到大都在倾力绘制的巨作。任何一位欣赏过这幅作品的人都能判别出，作者是学有所成的天才，还是头脑空空的笨蛋。

事实上，你可能是一位成功人士，甚至拥有一所富丽堂皇的豪宅或是巨额资产，而这些并不为人所知。但是，如能善于言辞，那么，你的魅力和才华将会打动所有人。

一位社交界的宠儿，也是一位女政治家常常这样建议自己的门生："多交谈，经常地交流。说什么不重要，但你一定要保持心情的愉快和放松。只要做到这一点，任何话题都可以涉及，即便与你交谈的是一位渴望别人献殷勤的少女，也不会产生尴尬和无聊的感觉。"

这建议是很有效的，学习说话技巧的诀窍恰恰在于多与人交谈。对于那些不习惯在社交场合与人交流的人来说，这无疑是一种打开自我心门、融入社交场合的最好办法。

健谈者永远都是社会的宠儿。每个人都希望邀请到擅长交际的某某夫人参加自己举行的宴会，因为她总是那么善于取悦大家。也许她有很多缺点，但人们会因为她出众的交际能力而视而不见。

倘若哪位教育家能努力将交际变为一门课程，那么他一定会广受欢迎。但是，任何缺乏思想的谈话，任何啰唆、无实际内容的谈话，都将成为某种喋喋不休的胡扯瞎聊。自然，这些闲话都无助于人们之间心灵的对话。内心深处的美好事物被掩藏得如此之深，一般的表面功夫岂可发掘得到？

1. 谈吐体现人的修养

成千上万的年轻人,一边嫉妒着比自己成功的同龄人,一边却继续浪费着自己宝贵的晚上和周末休假。平时,除了一些无意义的言语,他们什么都不会说,但是这些愚蠢的话语非但不能提升他们的幽默感,相反,只会使他们的意志、理想和对美好生活的各种憧憬化为泡影。究其原因是无意义的谈话导致了无意义的思考。令人遗憾的是,在许多公共场合,这些轻率无礼的粗鲁言语却无时无刻不充斥在我们周围。

"你吹什么牛?""我可不知道!""我敢和你打赌。""我忍无可忍了。""我讨厌那个人,他让我很难受。"等等,相信这样的话,大家一定听到过很多吧!

言如其人,谈话最能反映一个人的教养。你的一言一语时刻都在向他人透露自己的修养究竟是高雅还是粗俗。与人交谈时,有意无意地,你的人生经历将为听众所知悉。谈话的内容和方式将泄漏你的一切秘密,一个真实的你就在谈话间为众人所熟知。

没有什么能和格调高雅的畅谈一样能经常而有效地为你的朋友带来巨大的快乐。所以相对于其他才艺来说,语言天赋的确是一项更加重要的技能。

我们中大多数人在谈话时表现笨拙,因为我们从来没有重视过说话这门艺术;我们没有劳神费力地去训练说话技巧的经历;我们不爱读书和思考,表达时经常缺乏条理;我们总是漫不经心地说着母语,仅仅因为直觉告诉我们:这种随意的交谈比起每次发言前先考虑用词、语法、语音、语调,要轻松得多。

言辞笨拙者往往是这样的人:他们会找各种理由为自己不愿学习说话技巧来开脱。而他们的借口无非是"健谈者都是天生的"

或者"语言能力不能靠后天努力来提高"之类。如果真是这样,那些金牌律师、一流医师、成功商人都应该天生拥有好口才。但事实上,许多成功人士,都是经刻苦勤勉而有所作为的,个人的努力是取得成功的前提条件。

很多人都觉得善于交谈是自己成功的原因。这种在交流时牢牢抓住对方注意力的技能作用很大。那些不擅交谈的人心里很明白自己要表达些什么,却总是无法找到一种合理的方式、合逻辑的语言清晰地加以表述。如此一来,在同类人中他们一定会处在下风。

我认识一个生意人,他对语言的驾驭相当娴熟,人们纷纷把同他交谈看做是享受盛宴。他的话字字珠玑、品位雅致、措辞精美。这种语言的魅力,足以让每个听众都为之倾倒。他的一生都在不断地学习和思考,完全将谈话当做一门高雅的艺术,勤加练习。

也许你认为自己太贫穷卑微,抱怨生活中缺少机遇;也许,为了保证一家人的温饱,你不能到学校接受正规教育;也许残酷的生活让你饱受折磨,心灵不断在希望和失望间徘徊。但你仍然可以突破重重阻碍,成为一名深受听众欢迎的健谈者,因为只要有心,你说的每一句话都可以成为练习表达的最好素材。你读的每本书、交往的每个人也都会对你的练习有所帮助,他们会帮助你早日成为一位健谈者。

几乎没人想过这个问题,那就是该如何表达。在交谈时,他们习惯于不假思索:脑海中最先浮现的那些词句总是脱口而出。他们没有想过要深思熟虑一些句子,相反,他们总是不假思索地脱口而出自己的想法,几乎从不考虑遣词造句。

在与人交流时，我们时常会遇到真正的语言大师，这种机遇会让人陶醉。每当我们从这种沉醉中醒来，想到自己竟将语言这门"艺术中的艺术"弄得一团糟时，惭愧之情便会油然而生，为自己昔日粗鄙而拙劣的言辞感到既困惑又尴尬。

我在一生中遇见过一类人，他们让我领略到：没有其他艺术像语言的价值一样，是那么无与伦比。

我曾经到温德尔·菲利普位于波士顿的府邸做客。他的嗓音很好听，他的言语也充满魅力，他的措辞明亮，学识渊博，他具有让人着迷的人格魅力，也有很高的语言造诣——这一切都令我难以忘怀。他与我的交谈就像遇到一个多年的老校友一般，我生平从没有听过如此优雅的英语，他说的每个单词、每个句子都是那么自然。我后来还遇到过几位英国人，他们言谈也一样让人着迷："仿佛他们的言语中都有一个会施魔法的灵魂使听众陶醉一样。"

拥有这种语言魅力的人还有玛丽·A.利物摩尔、朱莉娅·沃德·豪和伊丽莎白·斯图亚特·费尔普斯·沃德，以及前哈佛校长埃利奥特等。

谈话时，内容起着决定性作用。我们都认识一些人，精致优雅的语言和流利顺畅的措辞让他们的表达淋漓尽致。这些人谈话时总是字字珠玑，让人印象深刻。但是也有些人的技艺不过如此而已，他们的思想不能打动我们，也无法激励我们行动起来。在听过他们谈话之后，我们还和以前一样，不会对我们的思想言行有所改变。

我们还认识一些人，他们话虽少，但字字沉重有力。这些话语不断地刺激我们的头脑，让我们有醍醐灌顶的感觉，让我们充满了前进的力量。

2. 学习演讲是推销自己的最好方式

很久以前，语言的艺术已达到一个远远高出当代的水平。 今日语言艺术已经衰落，这是因为在现代文明环境下，交流方式发生了彻底变革。 以前的人们除了演讲，几乎就没有别的方式可以用来交流彼此的思想，各种知识传播的唯一方式就是口头交谈。 当时的社会既没有发行量巨大的日报或杂志，也没有任何形式的期刊或文摘。

随后，人类陆续在自然界中寻找到了巨大的财富，并利用自己的聪明才智开启了一扇通往新世界的大门，还有种种伟大抱负所产生的巨大推动力，所有这些都使我们的语言发生了巨大的变化。 在这个"速食主义"盛行的时代里，在这些热火朝天的年代中，所有人都在为财富和权力奔忙，我们已经无法停下手中忙碌的工作，我们没有时间进行思考，更没有闲心提高我们的语言能力。 在如今这个信息大爆炸的年代，当所有人只需花上几个美分便可收集过去需要花高价才能得到的新闻和信息时，人们要做的很简单，只要埋头于一张晨报、一本书刊或是一份杂志中就可以了。 通过口头交谈进行信息交流的时代已经一去不复返了。 出于同样的原因，演讲术正成为一门日渐衰微的艺术。 印刷成本之低廉，使得最贫穷的家庭也能买得起过去贵族们的读物。

如今，优雅而有教养的健谈之人是少之又少。 甚至，几乎没有人能用当年华美的措辞说几句高雅精致的英语了。 然而，书籍是人类进步的阶梯，阅读好书既能丰富知识，更能增加一个人的词汇量，这对于提高交际能力能起到极大的辅助作用。 许多人思路清晰、想法明确，但由于贫乏的词汇量，他们不能如实地表达自己。他们缺乏足够的辞藻来修饰自己的想法，也无法使其变得更具吸引力。他们语无伦次并且总是言不达意。每当他们想用一个特别的词汇来确切地表达某一意思时，挖空心思也找不到。

如果你想成为一个健谈的人，首先必须多与那些接受过良好教育、有修养的上流人士交往。如果你对他们望而却步，那么，即便你顺利从大学毕业，在健谈方面你仍是个失败者。

我们对那些胆小羞怯的人抱以同情。当他们不能自如地表达自己时，他们总是会觉得压抑和沉闷。怯懦的青年学生在为演讲作准备时，往往会深刻地体会到这种心理上的煎熬。事实上，即便是大演说家，第一次登台都会有类似的经历，并且大多对自己的笨嘴笨舌和大量的失误深以为耻。然而，如果你想在演讲方面有所成就，那么除了不断地练习之外别无他法。

就算你在表达的时候因为词不达意而结结巴巴，但是你要相信，即便接连遭遇失败，只要能坚持下来，那么，你的努力就不会白费，它会使你的表达变得越发流畅。要相信，不论是谁只要能坚持不断地练习，便会以出人意料的速度征服天赋的笨拙，改变羞涩的个性，最终达到从容驾驭语言的境界。

许多身处困境的人之所以失败，就是因为他们并未掌握语言的艺术，不能自如地表达内心的想法。我们经常能在公众聚会上遇见很多饱识之士，每当大家高谈阔论的时候，他们总是静静地坐在那里，始终保持沉默。而实际上，他们远比那些哗众取宠的人要见多识广。

一般而言，很多真正有学识的人在公众场合中总是沉默寡言，他们在这些场合会感到非常不自在和尴尬，因为在这样的场合，他们却不能就某个话题发表睿智的意见。而另外一些人虽然不如他们聪明，却比他们更能吸引别人的目光。其原因很简单：他们尽管才学不高，却能够生动地表述自己知晓的事情。光在我们的首都，这样的人就数以千计，他们中有许多人一夜之间便成为了这个社会的政治精英或社会活跃分子。

很多人，尤其是诸多学者们，他们貌似都认为生命的真谛在于尽可能多地获得有价值的信息以武装自己的头脑。但是，学会与人交流与沟通，并在此过程中充分展示自己的学识或许和汲取知识同样重要。或许你是一位学者，通晓历史，学富五车；或许你在科学、文学、艺术等领域声名卓著。但是，如果你只是独自一人品味自己的才识而不与人交流，那么你最终将固守自封无法取得进步。

这种对于个人才识的独享也许会给个人带来满足感。但是，一个人的能力需要展现，而且应该以一种恰当的方式表达出来，进而得到整个社会的认可、欣赏。这就如同一颗外表粗糙的钻石，不管它内部的价值多么大、多么有价值，这都不重要。我们没有必要过多描述它内在的稀有和珍贵，因为在被打磨、抛光以前，在光线射入其内部从而使它散发出多年来一直隐藏的夺目光辉以前，没有人会注意到它的价值，更何况是赞美。谈吐之于个人，就好比对一颗钻石的切割、抛光的加工过程一般增加钻石的价值，可以显露钻石的价值和内涵。

可怜天下父母心，但是，又有多少父母能够意识到孩子们对说话艺术的漠视带来了多大的危害！在多数家庭中，孩子肆意糟蹋英语，可父母听之任之，这种现象简直触目惊心。

没有什么方式能比生动的聊天更能锻炼孩子们的性格与能力。

坚持用生动活泼的语言和轻松明快的风格表达自己的想法，这是特别棒的训练方式。在我们眼中，那些能言善辩的人都是那么优秀，以至于没有人会相信他们实际的受教育程度不一定很高。而现实却是：许多大学毕业生面对这些甚至连高中都没有念过，但努力锻炼自己语言表达能力的人时总是抬不起头来，只能沉默不语，面有羞色。

现在的教育体系只是在数年时间内每天花费短短几个小时来教育学生，然而说话艺术却是一门终身的学问，许多人修的这门课程是自己在整个教育过程中最有价值的那部分东西。我们在说话的过程中能够发现自己的各种潜力，意识到我们以前尚未发现的许多机遇和资源，那些我们人生中尚未开启的各种机遇和资源。

语言具有启迪思维的惊人功效，如果我们善于与人交流，并在此过程中牢牢地吸引住他人的注意力，我们便会更多地反思我们自己，这种反思将会使我们的自尊和自信得到大大提升。

在全身心投入到向别人表达自我以前，没人会知道自己究竟具备多大的能力。直到你和别人交谈，充分展示自我之后，整个人的灵感才豁然开朗、变得才华横溢起来。每个健谈之人都能从听众身上学到新的东西，而这往往能激起新的灵感，让人精神抖擞，取得进步。思维的碰撞和心灵的沟通往往能催生新的力量，这就如同化学反应中两种物质经过化合反应产生新物质一样。

如果你想成为一个受欢迎的发言者，首先应学会做一个好听众。这意味着一个人必须先学会自我控制，善于倾听并接受别人的观点。

我们不仅自己谈吐笨拙，由于缺乏耐心我们还不能做一个合格的聆听者。我们无法静下心来，认真聆听演讲者的故事或新闻，我们总是因为对讲话的人缺乏尊敬而无法保持安静。我们四处张望，反复摆弄怀表盖儿，用手指在椅子或桌子上不停地叩击；我们烦躁不安，看上去无聊至极，急于离场；更甚者，在别人结束发言之前，就打断其讲话。事实上，我们总是那么急功近利，以至于除了抓紧时间和机会谋求权势和金钱之外，我们几乎无事可做。生活永远处于一种狂热不安的状态中，我们哪里还有时间去锻炼和培养言语表达的能力？"我们太紧张太忙碌，巧言善辩的才学我们可学不来，再说也没有时间。"有人曾这样说道。

唤醒自我

　　令人惊讶的是，社会上存在许多缺乏明确目标和雄心壮志的年轻人。 他们一天到晚都没有人生的理想和方向。 日常生活中，我们经常看到年轻的男男女女们，就好像无人掌舵的小舟，在人生之海的航行中毫无目的地漂泊，浪费了宝贵的时间。 不论做什么事情，他们既没有明确的目的，也没有好的方法，只知随大流。 如果你问他们其中的一个：将来准备去做什么？ 有什么样的志向？ 他会告诉你说：他自己也不清楚应该从事什么工作，更不知将来会成为什么样的人。 他所能做的，仅仅是坐等机会的降临。

　　如果一个人没有任何人生规划，又怎能奢望将来会有所作为呢？ 当他走到人生的尽头时，只会一无所得。 明确的人生目标影响巨大，它能使我们集中精神，指明我们的工作方向，即便今后我们在人生道路上会遇到挫折，也能勇往直前。

　　不知你是否发现，在自己身边，懒惰的人大多无所作为，而那些勇于挑战自我的人却总能走在时代的前端。

　　只有那些懂得自我约束，竭尽全力去做一切有意义的事情并有所担当的人，只有那些不懂得偷奸耍滑，不去专挑那些有趣或者简单的事情做的人，才能对整个社会有所贡献。

　　每个人都应当像老师对待学生一样严于律己。 他既不应一有机会就坐下来放松自己，也不应在早上赖床不起，更不应只在心情好时才去工作和考虑其他问题。 他应该学会控制自己的情绪，并且鼓励自己不论处境如何都要坚持到底、艰苦奋斗。

没有雄心壮志的人因太过懒惰而失败，他们既不愿意奋斗，也不愿意付出辛勤劳动。他们坐等天上掉馅饼的好事。对于身边勤劳的朋友，他们总是迷惑不解：为什么他们要努力奋斗？为什么要那么辛苦疲倦？为什么他们不去散散心，享受生活呢？

懒惰、意志消沉、对事情的漠不关心以及消极应对困难等这些都是失败的主要原因。在工作中无意地慢慢降低自我要求是堕落的最初征兆之一。只有雄伟的志向是不够的，我们还需要在日常生活中小心翼翼地呵护自己的志向。只有抱有坚定的信念，不断进取，才能实现心中的理想，特别是当我们身处逆境，甚至我们对美好生活的信心发生动摇时，就更应当如此。

坚定理想并始终保持清醒的头脑，这种好习惯对于那些积极向上的人来说是完全有必要的。你的雄心壮志起决定作用，当它动摇时，你的生活标准也将随之降低。想要获得成功，就必须坚定自己的理想信念，绝不动摇。

当外界不断干扰你的理想时，后果将十分严重。

医生们都明白：当一个人吸食了过量的吗啡时，只要他睡着了就可能会丧命，因此要尽全力让病人保持清醒。他有时会不得已而用一些看上去最折磨人的治疗方法——通过捏、掐甚至敲打来使病人不致睡着，否则一旦病人睡着就极有可能离开人世。一个人的雄心也是如此，一旦睡着，就很可能再也无法被唤醒。

一块手表可能有着完美的齿轮，可能还镶了极为珍贵的宝石，但是如果它缺少一个重要的弹簧，那么它就不会走动。因此一个可能受过良好教育，身体也很健康的年轻人如果胸无大志，那么即便其他各方面都很好，他仍然注定一事无成。

据我所知，许多有才华的人，直到 30 岁还没能选择好自己的终身职业。他们始终搞不清楚自己究竟适合做什么工作。

进取精神很早就进入我们的心里，告诫你应该重视它。如果我们对它的声音听而不闻，如果它在恳求数年之后仍无法引起我们的注意，它便会渐渐消失，因为，就像其他一些不被用到的品质或功能一样，在不用的时候它们就会削弱或消失。

只有当我们不断地使用某项技能时，它才会跟随着我们。一旦停止锻炼肌肉、大脑或才能，我们就会开始堕落，而力量也会随之减弱。如果你不在意以前那些激励自己奋发向上的呼唤声，如果你不去磨砺自己的意志，并加以高强度的锻炼，使它不断增强，那么，它很快便会消失得无影无踪。

那种无法实现理想、郁郁不得志的感觉，就像一个被告在苦苦期盼迟来的判决一般，满腔希望逐渐破灭；就像一个热情的人在多次被拒绝之后，他的欲望也会慢慢消失。

在我们周围有许多意志消沉的人。从外表看来，他们和我们没有任何不同，可是，那团曾在他们心中的伟大志向已不复存在了。他们虽然还活在这个世界上，却已是行尸走肉。最令人惋惜的是那些意志消沉的人，他们的存在，不论是对自己还是对整个人类世界都没有任何意义。

在这个世界上，那些意志消沉的人是最令人感到可惜的——对于能激励自己奋进的内心的呼唤，他们置若罔闻。由于没有动力，他们心中的理想也渐渐破灭。

对于一个人来说，即便他人品不好，只要他还有抱负，那还是有希望的；可是一旦他的雄心消逝不再，那么，他不会再有奋发向上的强大动力。

防止丧失志向和理想是一个人一生中需要克服的最大的困难之一，为此，我们必须始终对人生充满强烈的兴趣和激情，保持头脑的清醒，同时，也要有明确的主见。

很多人都喜欢幻想，他们想当然地认为：只要能保持热情，坚持理想和信念，他们就能够实现梦想。但是现实却往往是这样的：投入的热情愈多，那么，一旦梦想破碎，受到的伤害也愈深。

远大的理想不仅需要坚强的心志，还需要大量的养料，脆弱的心灵没有任何价值。只有拥有了强大的意志力、坚定的决心，保持充足的能量和耐力，我们在为理想打拼时才可能卓有成效。

如果你拥有坚定的信念，并一腔热血地拼命去做某件事，而这件事又恰好能证明你的判断力并让你充分发挥自己的特长，那么，你的信心会越来越强，你会清楚地知道自己善于做什么工作，并且马上行动起来。

当我们满怀热情，有明确强烈的信念时，便是完成某项任务的最好时机。决心总是在徘徊犹豫中减弱。当我们带着强烈的新生欲望和远大的志向，并充满热情地去做某件事时，就会发现这件事其实是很简单的。但是过段日子再做，就会发现自己已经不愿再付出必要的努力或牺牲去完成任务了，因为它已经不再像最初那样强烈地吸引我们了。

请不要让你的志向和抱负动摇。你应该思考一下，不能并且也不应让自己的人生理想半途而废，而应该振奋精神，朝着理想奋力前进。

世界上最让人失望的事情，便是试图帮助这些没有人生目标、行事半途而废的人，他们既不懂得自强不息，也没什么主动性，更糟糕的是，在奋斗的过程中，他们缺乏恒心和毅力。

一个年轻人如果满足于平庸单调的生活方式,满足于已经取得的成就;如果在没受到干扰的情况下,他只需要极少的精力便能解决某个问题,那么他的能量便会以各种方式被浪费掉,你不必对这样的年轻人抱有希望。 同样,你也很难容忍这样的年轻人,他们缺乏信念、动力、恒心和活力,一有困难就想溜走,并尽可能地去逃避责任。 即使他起初还有一些才能,但这些也将逐渐退化,变得毫无用处,他们得不到任何提高自我的机会。

一个年轻人如果不满自己现在的行为,如果每天都下决心要做得更好,努力实践自己的理想,将之变成现实,那么他一定能取得成功。

1. 渴望成功

很多人的问题都在于理想定得太低、太普通、太空泛。 他们没有追求成功的强烈欲望,或者足够的激情。 他们像动物一样没有理想,只是生理上的存活。 如果我们想要进步,就必须立下远大志向。 我们不能一边拼搏向上,一边还总想退缩。 我们必须在取得成就之前就培养必胜的信心。 想要在修养方面有所提高,就必须志存高远。 只有每个人都心怀更远大的理想,整个人类才会有更美好的生活。

如果每个人天生就能达到目标和实现抱负,那么人的一生也就没什么价值了。 是否还会有人去做并不心仪的工作? 是否还会有人愿意再去做那些辛劳的工作?

假设每个人都出身富贵,那么,人生的唯一目标恐怕就是享受美好的时光,享受所有令人高兴的事情,并尽力远离工作和痛苦。 倘若事实真是这样,恐怕不用多久,地球上又会出现野蛮时代的景象了。

通过努力，去谋得更高的职位，接受更好的教育，住进更舒适的房子，使自己变得更有修养、更文雅、更有力量。这种力量源自物质需要，正是这些需求极大地影响了个体，使其不断进步，将自己的素质不断提高。这种向上的生命进化趋势也使身边的人们充满自信。

理想和志向就像摩西一样，指引人类从蛮荒时代走向文明。现在仍然还有很多地方的人生活在贫困落后的环境中——这是千真万确的。至今我们都无法看出他们的生活是否在根本上得到了改善，但是不可否认，这些地方的文明虽然还没有完全开化，但进步还是存在的。

在任何时候，个人的理想都依赖文明。我们可以凭着自己的志向或整个国家的目标明确定位自己的人生，并且对未来有所把握。现代文明的发展步伐也是非常迅速的，只有具有更宏伟的抱负、更崇高的理想和更高的智力，才有可能不被时代抛弃。为此，我们只有加倍努力，只有竭尽全力才能有所成就。

心中的理想总是潜移默化地影响着每一个人。人从出生开始就慢慢有了理想，并最终形成自己的独特个性。

只有那些停止进步，不再向前看的人才会沉迷于昨天的成绩中，而那些不断进步的人会觉得自己的人生还不够完整。因为他一直在进步，觉得还有太多没完成的事。发展中的人往往不满足已有的成果，竭尽所能要将事情做得更好、更彻底、更完美。

养成解决问题的好习惯对促进个体的发展作用巨大。只要我们有恒心，能努力做完现有的每项工作，做到每天都比昨天做得更好一些，那么，我们每天都能有所进步。

对于那些比我们更有才能的人，那些受过更好的教育、更有教养、更优雅，以及在我们不熟悉的领域经验丰富的人，我们应经常与之交往，这能极大地推动我们成长。 当个体在发展过程中总走下坡路，当他只愿意和那些不如自己的同伴为伍，寻找各种庸俗和消极的乐趣时，我们会感觉到他在迅速地堕落。 反之，如果这个过程翻转过来，积极向上，不断进步，那么，他就会快速进步。

崇高的理想，不达目标誓不罢休的精神会极大地推动生活各方面向前发展。 它使得精神振奋，并且在无意中呼唤出新的力量，激发新的潜能。 当然，这种潜意识不会作用于庸俗的理想或卑劣的动机。 它只会唤醒伟大的内心世界，激发处于未开发状态的聪明才智，因为它们在一般情况下总是隐藏起来。

如果你胸怀大志，便不会被艰难困苦所打倒；如果你对生活充满激情，能始终保持积极乐观的心态，那么你在工作时就不会觉得有负担和压力。 假如一个人没有理想，行事缺乏热情，那么他的一生终将庸庸碌碌。 如果一个人在工作时联想到受人役使的劳工在费力地划桨，或是疲惫的马匹担着极重的货物，那么这个人注定无所作为；对待工作必须有热情、有信念、有爱心，否则结果不是失败就是一生平庸。

在逆境中取得成功是很困难的，但是对工作的热情将极大地帮助你。 热情也是一个重要的滋补品，会让我们忽略阻碍和危险。 如果你发觉自己的雄心壮志正日渐丧失，如果你昔日对工作的热情在慢慢冷却，如果你已不再喜欢起早贪黑的工作，那么，你一定出现了问题。 或许你仍然未能给自己作出正确的定位；或许挫折浇灭了你的热情，兴趣也随之减弱。 但是，无论是什么原因使你降低自我标准，如果你觉得昔日的理想发生动摇，如果你很厌烦去完成任务，如果你发现工作中的苦差事在增加，那么，你应该赶紧采取些补救的措施。

如果下决心要完成某项任务，那么一开始就要充满热情，要努力向上，这样做其实很简单。 如果你和自己朋友没有任何来往，那你便不可能和朋友保持永久的友谊，雄心的培养也是同样道理。

有一类人随处都是，他们就像不称职的列车司机，总是忘记给锅炉添煤，任由开水在锅炉里冷却。 他们的列车一直在慢车道上行驶，而他们自己却始终不知道为何旁边快车轨道上的列车总能飞驰而过，把自己甩得非常远，而自己却只能像蜗牛一样慢慢向前爬。 他们不知道：燃料不足的锅炉和变凉的水绝对不能使列车高速运行。

在人生旅途中，这些人既不愿换一个轨道行驶，也没有保持锅炉中热水的沸腾，相反，一旦无法实现既定目标时，他们就会抱怨。 而一旦遭遇挫折，他们就只会将失败归咎于糟糕的运气。

那些对社会毫无贡献，凡事得过且过、随遇而安的人，大都懒散倦怠、游手好闲。 他们失败的人生，都是因为没有雄心壮志。

2. 你的现在不是你的未来

对于那些渴望学习，有远大志向的年轻人，不管多么贫穷，他们总能找到出路。 但是，对于没有上进心的人来说，他们的人生毫无希望，因为没有人可以点燃他们心中的希望之火，激励他们前进。

如果一个孩子立志要成为伟人，那么任何人任何事都难以阻止他。 无论他所处的环境怎样，抑或他有着不健全的身体，他总会找到出路，并渐渐迈入正轨。 你不可能阻止少年林肯、威尔逊或者格里利的成长，即使没钱买书，他们也会借书来学习知识。

我们应该始终对年轻人抱着希望，无论他们以前是多么愚笨，但他们一直是想要把事情做得更好的。

可能你会觉得自己很平凡，也没有机会拥有更多的财富，但是，卑微的位置和从事的行业都不重要，只要你愿意努力把事情做得更好，只要你在日常生活中能做到尽善尽美，只要你有争取更高职位的志向，并愿意通过努力拼搏来取得进步，那么你一定会成功。你会从普通的工作中脱颖而出，这就好像土壤里一颗刚发芽的幼苗，经过不懈的挣扎之后终于钻出地面。

我们不应只从一个人所从事的职业来评判他，某项工作可能只是他获取更辉煌成就的踏脚石。评价他人的标准，应是他是否有志向和决心。诚实的人会选择那些值得尊敬的工作来作为自己实现目标的踏板。

推测一个人的未来，可以观察他身上的细微之处：他的思维方式、他的气质和精神面貌、他工作时的上进心以及他的言行举止，所有这一切都将作为推测他未来的证据。

狄更斯曾经说过："即使你只是在擦洗地板，也要认真做好，要像老戴维·琼斯站在你后面一样。"

一个人如果因为缺乏热情和毅力而不能更好地完成工作，无法实现既定的目标，那么，他往往会感觉失望和不满。然而，如果只是不满意自己的工作，整天怨天尤人，是不能激起雄心的。这种不满和牢骚，或许仅仅是此人懒惰和冷漠的表现。

但是，当我们看到一个人适合某个职位，或说这个职位适合他，他总是尽最大努力把工作做得十分完美，并以此为自豪，还想要把事情做得更好更完美时，我们可以肯定的是：他一定能实现理想。 直到我们知道他的雄心壮志时，他才会告诉我们更多与此相关的事情。 如果一个人有勇气，又能够坚持将理想付诸实践，那么他将理所当然地成为众人的榜样。

当年轻的富兰克林试图立足于费城时，甚至是当他在吃饭、睡觉以及在房间里画画时，当地精明的商人就曾预言：他的未来将一片光明。 为了达到更高的标准，他全力以赴地工作，而且一直非常自信。 他把每一件事情都做得十分完美，这也预示着他将成就更大的事业。 尽管只是一个业余印刷员，但任何专业人员都没他做得好，他的印刷技术之高明，甚至超过了他的老板，人们预言以后他开的公司一定会生意兴隆。

身居偏僻乡村者大多没办法和外界交流，因而也就无法与别人比较并衡量自身的能力。 他们过着一种宁静而平凡的生活，在这样一种环境中，似乎一切都无法激发他们的才能，而且在他们的人生旅途中，才华能力也无处施展。

一个住在穷乡僻壤的农家男孩，最初的愿望是居住在城里。在他心里，整个城市就如同一个盛大的世界博览会，那里的每个人都有机会去发挥才能，取得成就。 整个城市充满了积极向上的进取精神，就好像是巨大的电棍，可以激发他的所有潜能，调动他全身的能量。 他所目睹的一切，都在激励他积极拼搏，推动他不断前进。

城市生活和旅行的优势就在于：与他人的每一次接触，都可以给我们一个与他人进行比较的机会，以便明确自己能力及所处的位置。 人与人之间通过相互交流来彼此激励，这种事情是很常见的。 多与别人接触有助于激发征服的欲望，唤醒我们助人为乐的热情。

因此，在城市生活或者在旅行途中，我们总是不断提醒自己，要多观察别人的言行举止。我们可以看到一流的工艺、巨大的工厂和办公室、大量的生意，以及随处可见的巨幅广告，它们是人类文明的体现。这一切都将使一个拥有远大志向的年轻人充满疑问，他总是问自己，为什么他不能去做这些事情。当他渴望去做某件事情并满怀自信时，他的力量就会增强。

自我教育——阅读

"沉溺于图书馆中。"这是奥利弗·温德尔·霍姆斯儿童时代经常做的事。 熟悉各种知识类别的书本是聪明的学生从学校里学到的最重要的知识。 从图书馆中挑选出那些对生活最有帮助的书本,该能力价值巨大。 这就如同一个人挑选工具去获取知识和提供社会服务一样。

耶鲁大学校长哈德利曾经说过:"在现实生活中的各个阶层的人,商人、运输司机或者制造工人,曾对我说他们真正想从学校得到的是:能够拥有挑选书本的能力,从而有效地使用书本。 而获得这种能力首先最好的方法是在任何房间里都放置一些优秀的书本。"

图书是生活的必需品,而非奢侈品。 一个没有书本期刊报纸的家庭就如同没有窗户的房子。 孩子们徜徉于书海之中,他们在触摸书本时不自觉地就汲取了知识。 现在所有家庭都可以给孩子们创造一个良好的读书环境。

倘若可以给孩子购买像字典、百科全书、历史类和工作实务类书籍,以及其他各种有价值的书籍,那么他们会不知不觉地接受教育。 这样做的代价不仅不高,而且还可以让他们学到与自身年龄相符的很多知识,否则这段时间就会被他们浪费掉。 如果让孩子在学校、研究所或者学院学习的话,可能需要花费的金钱差不多是这些书本价格的 10 倍。

此外,如果家中收藏有好的书籍,那么整个房间都会因此蓬荜生辉,并且吸引着孩子们的目光,他们愿意待在这个令人非常愉快的地方。 而那些没接受过严格教育的孩子却急着跑出去,随波逐流,走进多种多样的陷阱和危险之中。

让孩子身处书海之中是很好的,应该允许他们经常地使用书本、触摸书本,让他们熟悉书籍的封面和标题。 一个聪明的孩子能够从好的书本里面学习很多有用的知识,这是非常神奇的事情。

很多人从来不在书本上标记重要东西,从来不在页码上折出痕迹或者划出选好的一个段落。 他们的藏书室永远和刚建成的那天一样干净,而他们的头脑,也永远像藏书室一样干净空白。 所以,请大胆地在书上做标记,要知道亲自记笔记价值最大。 一个从小就喜爱读书的人,在成长过程中读书的效率也会不断增加。

勤俭节约是一种美德,平日里穿旧的衣服和有补丁的鞋子没有丝毫耻辱,但是,如果有些书必须购买,最好不要节省。 如果不能送自己的孩子去学校,你不妨让他们接触到一些好的书本,这会让他们从所处的环境中脱颖而出,因为读书能使他们的责任心和荣誉感大大增加。

1. 培养阅读品位,拒绝有害图书

有些书应该精读,这是一种明智的选择,因为这些书为我们的自学奠定了基础。

当阅读的范围受到限制时,最好去看那些前人已经翻阅旧了的书籍,它们将对你大有裨益,因为它们已被一代又一代读者挑选过。 如果你只能选几本书,请选择那些世界闻名的经典著作。 找到这些书并不难,因为即使在一个很小的公共图书馆里都会有。

我们必须遵循一条极其重要的规则:不要去读你不喜欢的书。他人所喜爱的书,不一定就适合你。 图书目录只是为你提供一些建议，如果你非常关注图书目录，你将会被它所约束。应该多选择自己真正感兴趣的书。

你是否想过，自己去寻觅的东西同时也在四处找你，这就是相互吸引的特殊法则。

如果一个人品位比较低俗，总是追随错误的潮流，那么他没有任何必要去四处寻找这些粗俗堕落的书，因为按照上述相互吸引的特殊法则，那些书将会自然出现在他眼前。

一个人的读书品位与他对食物的好恶非常相似。我们不应当去阅读那些无趣乏味的书籍，远离它们，就像不吃让人恶心的东西一样。而有些人却喜欢阅读这种书，也很喜欢这类食物。也许在某个国家里，人们都喜欢吃卷心菜或臭鱼，但也有人无法忍受它们的怪味。每个读者最终都能作出自己的选择，找到钟爱的书，而这些书同样会主动出现在他身边。任何一个认真的读者都宁愿去看少数几本自己喜爱的书，而不是随波逐流，看一堆不适合自己的书。某个人所认为的最好的书，别人也许并不认同；或者，在别人眼中只有一部分是好书。

印度有一位博学之人，某一天他在家中读书。当翻开某页书本时，忽然觉得手指一阵刺痛，一条小蛇掉到地上，在他看不见的地方慢慢爬行。这位博学者的手指开始肿胀，接着胳膊也开始胀大，一小时后，他因中毒死亡。

没有人意识到，家庭的藏书中也隐藏着"毒蛇"。它们会毒害孩子的思想，改变他们的个性，使他们丧失纯真的天性。

今日那些身陷囹圄的罪犯们，如果在年少时能够读一些好书，那么，恐怕绝大部分人会走上另一条极其不同的人生之路。我们应该多读那些能够振奋精神，有益心智的好书，远离那些"毒书"。

有这样一个故事：克拉克在一座大城市里看到到处张贴着醒目的告示："每个男孩都应当读一读关于西部平原上的暴徒兄弟的传奇经历——他们进行抢劫和谋杀并获得成功，这些奇特的、非常惊悚的冒险经历是前人无法比拟的，定价5美分。"第二天早晨，克拉克博士在报纸上读到："7名男孩因入室行窃而被捕，四间商铺被洗劫。其中的一个头目只有10岁大。"追踪报道发现，在前一天这些孩子都花了5美分去买那本诱使他们犯罪的书。一本诱人堕落的书或者会毁掉你的理想，或者会将你推向堕落的深渊。在你还没有看过这本"毒书"之前，认为书里的一切内容似乎都是甜蜜、美好而有益的。但是，在读过之后，它会毒害你的人生。它会引诱你去尝试那些禁止的事物，让你对一切美好、纯洁和健康的事物失去兴趣。这些疯狂的作品只会腐蚀你的精神，让你在人生的各个禁区铤而走险，不顾一切公正和道义。

一个小伙子曾得到一本满是低俗的文字和插图的书，到手不久他便递给自己同伴传阅。后来，此人在教堂里担任一个很高的职务。许多年以后他对朋友说：如果能回到过去，他宁愿用自己的一半所得来消除那本书的毒害。

如果我们变得轻佻和肤浅，那么我们原本健康的思想将迅速受到毒害。如果书本不能反映真实的生活，对家庭丝毫没有帮助，没有任何纯粹或健康的哲学的话，那么即便它们还算不上真正的邪恶，但也能激发你的欲望，让你病态的好奇心日益增强，这样它们就会在很短的时间内毁掉你最美好的思想。它们会想尽办法毁灭你的理想，让你在阅读好书时的美好感受全然尽失。

要多阅读那些能够让我们反思自我的书，以及那些激发你自信的书。要特别小心那些让信心动摇的书。当你阅读这些具有建设性意义的书本时，它们就是建设者，不过你不要拆散他们的思想。

我们常常翻看那些评价最高的书本,可以更好地展现我们的品位和雄心。 倘能仔细观察和分析某人的阅读习惯,即便不认识的人也能够写出一本关于此人的好传记。

我们应该多读书,但是要避免读一些无用或乏味的书。 生命是很短暂的,时间更为宝贵,所以要充分利用时间阅读最好的著作。

那些让你读后不思进取的书,没有任何益处。

2. 在家庭中营造良好的读书氛围

家庭是个人获得启蒙教育的地方,在这里,我们养成习惯,规划自己的职业生涯,且对我们终生都有影响。 在家庭环境下进行的有规律的、持续不断的智力培训,可以影响到一个孩子的一生。

我听说过一些令人遗憾的事,不少雄心勃勃的青年男女都曾渴望能提高自己的素质,然而,由于受到不好的家庭环境的影响,他们无法提高个人素养。 在家里时,其他人都把晚上的时间用来说话逗乐,不曾努力进行自我完善,不去树立更高的理想,家人偶尔翻翻书本,除了惊险小说别无其他,没有谁去阅读那些有益的书。他们作为家庭中唯一有抱负的成员,可是家人总是嘲笑他,所以他最终只有气馁地放弃抗争。

如果在家庭环境下养成自学的好习惯,那将是非常令人欣喜的事情。 年轻人十分愿意学习,如同期待游戏一样。

我认识一个新英格兰家庭,孩子们全和父母亲住在一起。 一家人每个晚上都坚持用部分时间进行学习或其他一些形式的自学。吃完晚饭,他们每个人都能自由地消遣娱乐。 他们拥有固定的游戏和休闲时间,但这仅有一个小时。 当学习时间到来时,整个房间会立刻安静下来,甚至一根针掉下的声音都可以听到。 每个人都在自己的房间阅读、写字、学习，或者进行各种各样的脑力工作，所有人都不可以讲话抑或打扰其他人。如果家庭中有人由于烦躁或别的原因而不愿学习，那么他必须保持安静，不能干扰到其他人。一家人拥有完全一致的目的——建立一个理想的、适合学习的环境。所有杂事都可能使注意力分散，甚至可能导致思想开小差，任何打扰都会破坏思维的连贯性，所以应该尽力避免这种事情的发生。在安静的环境下，聚精会神地学习一个小时，比起被多次打扰或者思想不集中地学习两三个小时来说，前者的收获远多于后者。

但是不少家庭都有可能不珍惜这些宝贵的时间，而虚度每个夜晚。当轻松、愉快与和谐的气氛遍及一个自我学习的家庭的各个角落时，所有家庭成员都会渐渐地变得积极向上，并激励自己去追求更美好的事物。

有时候，家中某个意志坚定的年轻人会彻底改变整个家庭的习惯。他对自己发誓要坚定立场并不甘失败。像这样的有志青年，他们总是设法抓住任何改变命运的机会。而且他的奋斗和努力恰恰反衬了许多同龄人总是浪费宝贵的机会，也缺乏足够的勇气和毅力去做那些有意义的事情。

那些总是重视品德、做事极为认真的人，能够引起所有人的注意，也因此拥有更多的晋升机会。

即使在最忙的时候，我们也浪费掉了生活中大量的时间。但如果作出合理分配，这些被浪费的时间具有很高的利用价值。

很多家庭妇女整天忙忙碌碌，她们想当然地觉得自己没有时间去阅读书籍、杂志或者报纸，但是有种观点则很惊奇地表明：只要可以很好地做完本职工作，她们便可以有很长的时间。要想极大地节约时间，就必须将事情按轻重缓急排出顺序。我们当然能够去安排自己的生活计划,让自己能有一定的时间来进行自学,使生活质量提高。 然而很多人却认为:自我学习的唯一机会仅仅来自完成其他所有事情后的剩余时间。

优秀的商人在清晨进入办公室,聚精会神地处理最重要的事。他很清楚:如果所有的事都要关注,所有的细节和繁琐的小事就会迎面而来,会见每个想要见他的人,回答人们想知道的每个问题,那么,没来得及去谈一笔大生意,就已经到了离开办公室的时间了。

巨额投资——养成完善自我的习惯

一般说来，教育是人类通过读书和老师的培养逐步发展心智的一个过程。然而，由于没有机会或是错失了这个机会致使一些人从未接受过教育。这时仍有一线希望，那就是通过"自我完善"来获得教育。我们身边有许多机会可以去完善自我，也有着大量有助于完善自我的资源。现在，我们能找到多种多样有利的资源，比如：质优价廉的书籍、免费的图书馆、夜校等。在这种情况下，任何因缺乏资源而不能完善自我的借口都没有丝毫说服力。

回首半个世纪乃至一个世纪之前我们发现，有诸多困难摆在人类获取知识的路上。那时书少且价高，学习条件无法和现在相比。在每天的繁忙工作之余，人们还要投入学习，借着昏暗的烛光，他们克服身体上的疲倦全身心地投入到学习当中，其中的艰辛可想而知。但是，就是在这样艰苦的条件下，有那么多的志士仁人取得了杰出的成就，这不得不让人惊叹和佩服。一些成功人士有时会受病痛的折磨——眼疾、肢体残疾或其他的病痛，然而他们却顽强地克服了这些困难。相比之下，我们有优越的学习环境，众多自我完善的机会，书籍等资源无处不在，但我们获取的知识却少之又少，我们难道不该为此感到耻辱并好好反省吗？

完善自我意味着必须具备这样一种感知：渴望改进自己。如果你有这样的渴望，那么只要战胜了自己，战胜那个玩物丧志的自己，最终就会获得成功。我们应该避免做一些无聊的事情，诸如看闲书、打扑克、玩台球、讲故事、毫无目的的闲逛等，好好去利用这些宝贵的时间。 对于那些努力进行自我完善的人来说，"在他们的道路上有一头狮子"，这头狮子就是自我放任，我们要想取得进步就必须战胜这个敌人。

我无需知道一个年轻人整天所做的事情，只要知道他晚上都做些什么，我就能够预测他未来一生的状况。 他若重视娱乐消遣，那么他未来一生中物质化程度就越高。 反过来，他若把玩乐消遣视作自我放任，认为它没有任何意义，只是消磨时间，那么他未来的一生将会取得成就。

人们年轻时在休闲时间做的事情，往往为以后的人生定下了基调。 它让人知道他们的内心是否已经死亡，或者他们是否把人生只是看成消遣娱乐的旅程。

很多年轻人也许尚不知道玩物丧志的危害。 当你把整个晚上或休假的时间任意地挥霍掉的同时，它并不利于你品格的塑造，相反你的品格在逐渐堕落。

年轻人经常会发现他们在不经意间就被竞争对手超越，但是如果他们能够好好审视自己，就会发现他们曾一度停止过努力，许多宝贵时间都被自己浪费了，他们没有进行广泛的阅读以充实自身的知识体系，所以当别人在进步的时候，自己却在走向堕落。

正确的做法是用休闲时间进行阅读和学习，这也正体现了你高贵的品性。 历史上有许多利用休闲时间来进行学习的著名事例。 成功人士们不想浪费休闲时间进行玩乐，而是利用一切可利用的时间来学习，即使会牺牲一些睡眠和进餐时间。

伊莱休·伯里特曾经的学习环境极度艰苦，但是他却取得了巨大的成功，成为了美国著名的慈善家、语言学家和社会活动家。 今天的年轻人如果在那种环境下，恐怕能成大器者寥寥无几。 伊莱休·伯里特16岁时在一个铁匠铺当学徒，除白天工作外，甚至有时还需要加夜班。但是，在这样艰苦的环境下，他利用一切空闲时间进行阅读以充实自己。他随身携带一本书在口袋里，一有空闲就拿出来看，晚上、休息天，甚至吃饭时他也在看，他利用了任何可利用的时间来学习，而这些时间对大部分人来说都常常是不加利用随意流逝的。每天早上，当那些家庭富裕的孩子或者贪玩儿的孩子还在床上伸懒腰、打哈欠、刚将眼睛睁开的时候，年轻的伯里特早已起床看书学习了。

由于热切地渴望学习知识和完善自我，他战胜了前进道路上的一切障碍。一位富有的绅士曾想资助伯里特去哈佛读书，但他没答应。他认为自己能够自食其力得到教育，即便每天需要花上12~14个小时的时间在铁匠铺里工作。他有着坚强的毅力和坚定的信念。他抓住工作间隙中的点滴空暇时间，珍惜它们并充分地利用它们。他与格拉德斯通一样，都相信现在节约时间，日后会有巨大收获，现在若是浪费时间，自己就会退步。伯里特在铁匠铺上班之余，凭借自己挤出来的点滴零碎时间学习，一年中就已学会了7门外语。在那样艰苦的环境下取得如此惊人的成绩，让我们不敢想象。

因此我们应该知道，我们没能取得成功，并不是由于我们能力欠缺，而是我们缺乏勤奋。有无数事例可以说明这一点。许多职员的脑子要比他们雇主的脑子更聪明，能力也更强。但是这些聪明的职员们却不去努力提升自己的各项才能，他们的头脑里满是享乐主义，时间和金钱都浪费在玩乐消遣上了。随着年龄的增长，他们就越发意识到自己这一生只能靠给别人打工为生，继而开始抱怨自己没有好运气，没有机遇。

1. 利用现有资源提高自己

许多一生只是小职员的人常常受雇于这样的雇主：这些雇主在

他们年轻时认为学写一手好字或懂得职业发展所必需的基础学科价值不大。这种无知，对于许多在工厂、商场或者办公室上班的年轻男女来说，也是相当普遍的。事实上，今天的教育环境很好，机会也很多，那些年轻人本应让自己得到良好的教育，但他们却没有，这是多么令人遗憾的事啊！现今，我们到处可以看到年轻的男女们职位极低，很大程度上，那是因为他们对教育没有足够的重视，在学习时没有集中精力，结果便是他们不得不一生都只做一个小职员。

很多人在年轻时经常不重视学习，认为没有必要花精力去学习，等到老了才发现自己的人生如此不成功。

有许多天资不错的女孩，她们在平凡的岗位上度过了人生中最美好的青春年华。她们觉得自己不需要提升自身的才能，也没有必要去抓住那些可以使自己获得更好岗位的机会。出人意料的是，很多女孩都没有把握那些能提升自己的资源，从而导致她们人生的失败。她们之所以失败，是因为她们年轻时没有意识到学习也是一项任务，相反，她们错误地认为学习没有任何价值。在学校里，她们不去学习基础知识、学习精确地记账、寻找自己适合的事并努力使之发展为将来的职业，因为她们觉得去做这么多事远远比不上找个好丈夫，而从没想过要自食其力。然而，真正靠婚姻取得幸福的人只是极少数，生活中有许多例子都足以说明婚姻并不是以后生活的保障所。

许多年轻人身上也有类似的缺点。他们不舍得在发展自己的才能方面倾注精力，而只希望能够每天工作几小时，干点轻松的活儿，还获得比较丰厚的报酬。在他们的一生中，他们考虑最多的是怎样享乐，而不是如何锻炼自己，使自己有所进步。

许多职员都羡慕自己的雇主，也想自己当老板，雇佣他人，但是一旦他们知道要改变现状就必须付出极大的努力时，便退缩了。他们喜欢过一种轻松自在的生活，喜欢能够闲庭信步。但是我们要知道，要想获得更好的职位，领取更丰厚的薪水，就需要不断努力拼搏进取。

有个问题普遍存在于很多人身上，那就是他们不愿意通过牺牲现在去换取将来的所得。他们不愿意花时间来完善自我，而更乐于享受现在的生活。他们也渴望创造一番事业，但这个渴望并不足够强烈，若是要去实现它，就得牺牲一些当前的时光。他们虽然希望有所成就，但这个希望不足以让他们甘愿付出一切代价换取，正如他们不愿意坚持不懈辛勤学习数年以给自己的人生打下一个良好基础一样。

大部分人的生活都是庸庸碌碌，无所作为的。他们本来有能力改善自己的生活，但却因缺少热情和决心而未能做到。众所周知，只有努力拼搏才能过上高贵的生活，但这些人宁愿轻轻松松地过着平凡的日子，也不愿去努力拼搏。

一个人如果想完善自我，并对此作出了安排，那么他就能找到可利用的机会，"如果没有机会，那就创造机会"，有人曾这样说。下面就有一个源自平常生活的例子。

有一个年轻的爱尔兰人，快 20 岁了还不会读书写字，因为他所处的地方放纵主义盛行，没有任何学习的机会。于是他离开自己的家乡，并通过学习黑板报掌握了一点阅读能力，后来他在军舰上当上了一个乘务员。他选择到船长室去工作，因为在那里他可以学到更多的知识。他随身携带一本小便笺簿在衣服口袋里，以便于随时随地记下自己听到的新词。有一天，长官看到他正在记录，便怀疑他是一名间谍。最后，当这名长官和其他长官知道了整件事的来龙去脉以后，他们就设法给这个年轻人更多的学习机会，而这些机会促使他能够很快得到晋升。 最终，他在海军部队里谋得高位。 只要你能像这位海军官员一样，在通向成功的道路上做好一切准备，你肯定也会取得成功。

2. 能否成功取决于年轻时候

世界上所有伟大的事情都要靠自己的努力。 许多年轻人都有着远大的目标，但是由于自己资历不够，就故步不前甚至退缩了。 他们开始守株待兔，等待上苍的援助。 一分耕耘，一分收获，而这一切都只能依靠自己。 要想成功就必须靠长期不懈的艰苦奋斗，而贪恋于奋斗途中各种诱惑的人，往往会半途而废。

正如上面我们所讲述的故事一样，大多数人没有抓住那些可以完善自我的机会，而那些天资聪颖的人们却能够发现和把握这些机会，因此尽管他们身处逆境，也能够比常人取得更加杰出的成就。

一个人若想成为人中豪杰，就必须掌握独特的才能。 但是如果他在年轻的时候没有受过良好的才智教育，他一生也只能做个小职员，这对任何人来说都是一件最为耻辱的事情。 要知道，一个人若是有80％到90％的成功可能性，却因为他未曾接受过良好的教育或训练，于是他成功的可能性大大降低，甚至还不到25％。 这是一件非常令人遗憾的事情。

换句话说，如果你以前从未受过教育和训练，那是一件令人苦恼的事情，这时你必须依靠自己的力量，努力完善自我，从而提高自己的才能。

一个人本来能够获得巨大的成功，但是当机会降临时，由于他没有做好充分准备，结果只能眼睁睁地看着机会流走，最终无法成功。

这里有一个例子，让我们觉得非常可惜。 有这样一个人，他是个天生的博物学家，有着远大的志向。 他在自然科学方面很有特长，他所掌握的自然历史知识极其丰富。当他意识到这一点，想尝试表达自己独特的见解和发现时，却碰到了困难。由于他没有特别重视教育，年轻时没能把精力倾注在学习上，他早期学到的词汇非常少，以至于他还不能够写出一个语法正确的句子，更别说充分且清楚地记录自己的观点，使之成为著作留存下来。由于缺乏语言知识，让他用语句来表达自己观点成为一件特别困难的事情，这些都是他年轻时忽视教育的重要性造成的结果。

想想这位杰出人物所承受的痛苦吧，尽管他知道很多自然科学方面的知识，但却不能够用正确的句子表述出来，这多么令人遗憾。

速记员在工作的时候常常会遇到一些他们不熟悉的字、词或短语，为此他们非常烦恼。而这主要是由于他们平常储备的词汇量非常有限。要做一个出色的速记员，仅仅掌握常用的词句是不够的，还必须知道那些不常用的冷僻字词，同时还要建立一个庞大的知识体系，以防出现意外情况。速记员如果常常出现语法错误，或者总被一些生词所牵绊，他们的雇主就会发现其文字功底之差，词汇量积累之少，其所受的教育之有限，然后将其解雇或降职。

有一位年轻的女士写信诉说道，因为她以前未曾接受过良好教育，现在做事经常遇到困难。因为她的语句经常出现语法及拼写错误，她甚至不敢给那些知识渊博的人写信。从她的信中可以看出，她的天资不错，但由于教育的缺乏，她经常身处困境。这完全是由于年轻时的掉以轻心而导致了如今的苦恼，这是极其不幸的事情。

经常有很多人给我来信，在读完之后我都为他们感到相当地难过。尤其是在读那些年轻人给我的来信时，我可以看出他们都天资聪颖，思维敏捷，但由于缺乏教育，于是极大地限制了他们能力的发展。从众多来信中，我可以看出他们如同一颗颗未经打磨的钻石，虽然只有一面露出地面，但也足够让光线进入其中，从而显露出他们的潜能。

我经常为这些人感到惋惜，他们虚度了那段在学校学习的美好时光，浪费了他们天生的聪明才智，因而一生碌碌无为。随着年龄的增长，如果他们能够觉悟并开始努力学习，还不算太晚，也有取得成就的可能性。

对于年轻人来说，浪费现有的机会令人深感遗憾。还有另外一个例子，某人具有领导人应拥有的良好资源，但是由于他缺乏教育和其他方面的准备，结果没有成为领导人。而其他人，虽然在天资方面远不如他，但经过勤奋学习和充分准备，接受了更多更好的教育，最终成功地当上了领导人。

我们随处可见，像职员、技工、雇主等这类岗位的安排并不是由一个人的天资来决定的。有些人天资聪颖，但缺乏教育，因而也只能处在很低的职位上。他们或无知，不能够撰写一封出色的信函，或没有学好英语，不能很好地与人交流，总之他们没能展现出自己的潜能，因而只能表现平庸。

展现自我——在公共场合演讲

一个人想不想成为演说家并不重要，重要的是他必须能够完全控制自己，必须特别独立自主、泰然自若。不管面对的公众是如何的多以及令人生畏，他都要敢于站出来，清晰而明确地表达自己。

以某种特定的方式来表达自我，这是唯一一种锻炼思维能力的方法。它可以是音乐、美术，也可以是演讲，或是推销商品以及写书，但它必须是要进行自我表达才行。

正统的自我表达方式可以发掘出个人的品性、随机应变的能力和创造力，但没有任何一种自我表达方式能够像在公众面前演讲那样让一个人受到全面、高效的锻炼，使他非常快速地展现自己所有的才能。

如果一个人不懂得语言表达的艺术，特别是在公共场合进行口头表达的能力，他要想达到一个较高的文化水平是非常困难的。演说向来被看做是体现人们所取得成就的最有效的表现形式。对于年轻人来说，无论他们的职业理想是什么，铁匠也好，农民也好，商人也好或者医生也好，他们都必须把它当做一门学问。

坚持不懈地尽自己最大努力在公众面前演讲能够使人内在的潜力得到快速有效的发掘，这是任何一种方式都无法匹敌的。当一个人在公众面前即兴演讲时，他的综合能力和知识储备都面临严峻考验。

不断尝试公开演讲，尽力以一种符合逻辑的方式去讲话，集中自己一切精力，这些都非常有利于个人能力的锻炼。有一种力量来自集中的注意力、激昂的情感、令公众信服的理由，这种力量让人自信，令人坚定和独立，能激发人的雄心抱负，使人各方面都取得进步。

一个人所作的决定及他的教育背景、气质、性格等，都可以反映其性格和品德的一切特征，都会在自我表达的过程中，像一幅慢慢展开的画卷一样接连不断地表现出来。他的思维变得更加活跃，组织和表达能力也获得提高。演讲者根据自己的生活阅历、知识背景、先天或后天培养的能力，竭尽全力去展示自我以获得听众的赞许和鼓励。

作家的优势在于有充足的时间去获得灵感。他想写就写，想停就停。他十分清楚，只要自己认为某份手稿不合适，完全可以烧掉它们。没有人会盯着他，也没有那么多的听众当场评论他的所有话语，观察他的一举一动。他与演说家不同，不需要接受现场每位观众的评判。只要他高兴，他可以懒洋洋地写作，可以倾注精力，也可以不费力气，一切随心所欲，由他自己决定。没有人注视着他，没有人感觉得到他的骄傲和空虚，甚至可能所有人都不看他所写的东西。日后，他还可以进行校对修正。在音乐中，不管是通过演唱的形式还是用乐器演奏的方式，表演者所要表达出来的只有一部分属于他，其余的是作曲者想要表达的。在交谈中，只有少数几个人能听到我们所讲的话，甚至人们不会再想这些话，我们并不会感到要特别在意词语的运用。但是当一个人试图面对一群听众作演讲的时候，他周围没有任何辅助的东西，没有什么可以依靠，没有助手，没有建议，他只能依靠自己的力量，他完全独自一人站在那儿。 他可能特别富有,也可能居住在富丽堂皇的宫殿里,不过现在没有任何东西属于他。 他所仅有的是他的记忆、经验、知识和能力。 人们评价的是他演讲中所表达的内容,听众才是真正的裁判。

任何自称有文化的人都要接受即兴思考的训练,这样他才能用很短的时间提升自己并做到表达巧妙自如。 如今,类似用餐结束后即兴讲话的机会日益增多。 原本许多在办公室讨论和处理的问题,现在都拿到用餐时间来解决,多种多样的商务合约在餐间签署。 像今天这样在宴席上讲话的要求是以前所不曾有过的。

我们知道有些人通过艰辛的努力和坚强的毅力获得了一定成功,达到了一定高度。 但他们依旧不能非常镇定地在公众面前作即兴演讲和评论或是完成一个动作,而是如同一片白杨叶般全身发抖。 在他们读书的时代,他们有诸多机会去参加演讲比赛以改掉在公众面前讲话扭扭捏捏的不良习惯,学会在演讲时放松,做到游刃有余。 但是他们总是不敢抓住这些机会,因为他们胆小或是想着有其他人能讲得更好或者能更得体地回答问题。

现在有许多成功的商人,倘若可以让他们回到以前,很好地把握他们早期曾放弃的那些机会来锻炼即兴思考和演讲的能力的话,他们愿意为此付出大笔金钱。 如今他们富有,社会地位高,但当他们被邀请在公共场合发表演说时,他们则语塞词穷,紧张不已。他们所能做的只是傻傻地涨红着脸,结结巴巴地道一声歉,然后就坐下。

不久前,我参加了一个公众大会。 人群里有一个人非常显眼,他是某研究领域的专家。 当他被邀请就某个问题发表自己的观点时,他站了起来,可是全身不停抖动,说话结结巴巴,语无伦次,仿佛丢了魂儿一样,甚至看起来很狼狈不堪。 他是一个有一定影响力的人,也很有经验,但在那一刻,他只能像一个无助的小孩般站在那里,并且他一定觉得很可悲、很难为情、很尴尬。 或许之前他有机会锻炼即兴演讲能力的话,他必然会竭尽全力。 那么,他就能即兴思考,用自己掌握的技能有效地发表演说。

就在这次大会上,这个受人尊敬的、非常自信的、有影响力的人在尝试发表自己对与他关系密切的某一重大公众问题的看法时,表现得非常让人失望。 之后,一个与他来自同一城市的、看似有些肤浅的商人站了起来。 此人的影响力尽管远远比不上他,可他却作了一个相当成功的演讲。 在外人看来,他无疑更有能力。 他只是充分发挥了即兴演说的能力而已,而这一能力正是那个专家所匮乏的。

纽约有一位非常杰出的年轻人,很短的时间就位居高职。 他告诉我,当他受邀在宴会上或一些公共场合发言时,对于自己演说中那些新的尝试以及做梦都没想到自己所具有的能力,他感到极为震惊。 而就在过去,很多公众讲话的机会曾经都在他面前溜走,与其他任何事情相比,这是让他更加感到遗憾的事情。

坚持使用清晰易懂、简洁有力的语言,自觉锻炼这方面的能力,能逐渐使一个人的日常用语更直白清楚和更具针对性。 以这种或其他方式进行演讲能锻炼一个人的脑力和性情。 这恰好表明为何一个在中学或大学时代常常参加诸多公开演讲或演讲协会组织活动的年轻人在演讲方面能取得飞快的进步。

切斯菲尔德伯爵说,每个人都知道用好词而非差词,准确恰当地讲话而不是胡言乱语。 如果他能做到谨小慎微,不懈努力,他就能做到体态优雅,成为一名得到他人认可而不是受人唾弃的演说者。

问题就在于要做艰苦的努力和长期的准备，你需要学习很多东西。你的语言表达技巧、方式以及大脑的思维活动对你的思考和训练都极其重要。

一个人要做到在公众面前即兴思考，他必须思维敏捷。与此同时，他必须使用合适的语调清楚地表达自己，并配合一定的面部表情和肢体语言，而这需要早期加强锻炼才能拥有的。

最容易使人感到厌倦的莫过于演讲中枯燥无趣的言语以及单调沉闷的表达方式。讲话时必须富于变化，特别是注意变换语调，要是没有变化，听者的头脑很容易感到疲倦；讲话时若做得到抑扬顿挫，声音就如同清脆的音符一样悦耳动听，这就是一门极高的艺术。

格兰德·斯通说过："99％的人摆脱不了平庸，原因在于他们完全忽视了训练语言表达方式，以为那毫不重要。"

据说在英国有位德丰西亚公爵，只有他是在自己演讲过程中都会瞌睡的政治家。他完全是一位天才的演说家，他能把无聊乏味的内容演绎得趣味横生，他在进行单调无味的演说的时候不时地瞌睡一下，就好像是通过睡觉来振作精神一样。

一个人要想成为演说家，年轻时就要强健自己的体魄，因为身体状况很大程度上影响着一个人的力量、激情、坚定的信念和意志力。同时要自觉练习身体的姿势动作，并养成能随时克制自己的好习惯。想象一下，韦伯斯特坐在议会中将脚置于桌上回答海耶的提问的样子，那么这位当地最伟大的演说家其最终命运将会怎样呢？再考虑一下这样的情形，像诺迪卡这样著名的歌手要想吸引观众却在沙发上懒懒散散地一坐，其结果又会如何？

公共场所的演讲者要把自身完全暴露在公众面前，接受大众的严峻考验。 而其他任何人都不用像演说者那样面对这么大的压力,把自身的缺点全部暴露出来或者是遭到别人的嘲讽。 在公共场合发言、即兴思考能达到很好的锻炼效果。 当然,这不包括厚颜无耻的人,他们对事并不敏感也不在乎别人对他们的看法。 相比公开演讲,其他事情也不会像它这样使一个人的缺点暴露无遗,诸如思想上的不足、说话方式上的缺点以及词汇的匮乏;也不会这么显著地反映一个人的性格、知识面和他对事物观察细致的程度。

早期有效地锻炼讲话的能力有利于扩大个人的阅读量和词汇量,学会谨慎地遭词造句,每个人都应掌握这种能力。

言简意赅地表达是非常必要的。 要学会清楚完整地表达自己的思想就别多说废话了,讲完要点之后就不必围绕着原话题反复强调。 你无法左右别人对你的印象,但如果你说话缺乏技巧、没有正确的判断并缺乏重点,别人对你的偏见会更严重。

想要成为一名出色的公众演说家,必须学会调动大脑全部的能量。 掌握一定的演说能力,去吸引大众的注意力、调动观众的情绪和获取大家的信任,个人的自信心和志气会因此增强,并且他今后在处理所有事情时都能游刃有余。 一个人的气质、性格、学识以及价值取向等所有使其成为他这个人的所有特征,就像一幅缓缓展开的画卷连续地表现出来。 思维如果敏捷,思考和表达的能力也能得到激活。 思考的内容要迅速地转化成语言,词句的选择也要当机立断。 为了赢得观众的拥护和喝彩,演讲者必须竭尽全力,运用他所积累的知识、经验,充分发挥他的聪明才智。

这种努力可以控制整个人的本性,使你满头大汗,双眼泛光,面颊泛红,血液在经脉里沸腾。 沉睡的冲动被激起,零碎的记忆也完整地复苏,万千景象迅速闪过大脑,你仿佛看到了一些身影和微笑，而平静时这种状况绝不可能出现。

在这种情况下，你的整体个性被迫表露出来，其意义已然超越了一次演说。努力尝试整理好自己储备的东西，发挥你的能力，这样能促使你更好地掌握已积累的财富，以备需要时信手拈来。

塑造自我——投资仪表

好的外表包括身体干净和服装整洁这两个方面,通常这两部分是不能分开的。如果一个人服装整洁,说明他很注重个人卫生;反之,如果此人十分邋遢,则表明他不注重外表,这比穿着的好坏更能说明问题。

我们最开始都是通过身体的某些部位来表达自己的情感,身体的外在情况被看做是我们内心的写照。如果一个人纯粹是因为疏忽大意而使得自己的外表不招人喜欢的话,那么我们可以说,他的思想也是同样糟糕。通常来讲只有一个结论,那种理想中的要求严格的工作以及清爽舒适的生活环境与低标准的个人清洁卫生是不相符的。一个常常忘记洗澡的年轻男子也一定不会去整理自己的思绪,他在各方面的表现也会随之越来越差;一个不修边幅、粗心大意的年轻女性很快就令人反感,她会慢慢地消沉下去,直到变成一个不整洁的女子。

塔尔穆德把清净放在仅次于对上帝虔诚的位置,这并不令人感到意外。我还应该把两者的距离进一步拉近,因为我觉得绝对的纯净就是对上帝的虔诚。灵魂和身体的纯净能将我们提升到最高的生活境界。若是不想追求美好的生活,人只不过是兽类而已。

一个好的、健康的、清爽的外形与一个优秀的、健全的、纯洁的人格关系极其密切。一个人倘若疏忽其中任一方面的话,那么另一方面也不复存在。

在实现"清洁法则"时,审美和道德方面的考虑虽不能少,然而个人的利己思想也非常重要。 我们每天都能看见一些人由于没有"做好自己"而遭领导批评。 我知道几个能力很强的速记员的例子，他们因为没有保持手指的干净而被开除。 我所认识的一个诚实而且聪明的人丢掉了在一家大型出版公司的工作，因为他没有刮胡子和刷干净牙齿。 不久前，一位女士提到，她到一家百货公司去买一些装饰用的彩带，可是当她看到销售小姐的手时，马上就改变了自己的主意，决定到其他地方去买。 她说："这么精美的彩带决不能让那肮脏的手触碰，否则，它们肯定会失去鲜艳的颜色。"当然，不会过太久，那个女孩的雇主就会发现她业绩平平，接下来，她就会被公司无情地开除。

  勤洗澡是保持良好形象的首要事情。 每天洗澡能确保皮肤的清洁干净，只有这样才能使身体健康。 重要性仅次于洗澡的是对头发、手和牙齿适当地护理。 这不会浪费很长时间，使用一下香皂和水即可。 修剪指甲的工具非常便宜，似乎没有人买不起一套这样的工具。 如果真的买不起整套工具，你只需购买其中一只以保持手指甲的光滑和清洁即可。

  保持牙齿的整洁很简单。 但是与其他方面相比，更多的人会在这项特别的清洁工作上出现问题。 我认识一些年轻的男士，甚至也有不少年轻的女士，他们衣着靓丽，并自豪于个人的外在形象，然而，他们往往忽视了牙齿保洁方面的细节。 他们没有意识到，在个人外表的污点之中，最糟糕的是不干净的牙齿、龋齿或前面的牙齿掉了一两颗；最令人难以忍受的是满嘴恶臭，任何忽视了对牙齿保洁细节的人的下场都不会很好。 没有雇主希望招来的书记员或速记员有着前面牙齿少了一两颗的不佳形象，很多求职者在找工作时遭到拒绝就是因为没有好的牙齿。

  对于那些免不了会在社会上抛头露面的人来说，关于他们着装最好的建议可用下面一句话概括："穿好看的衣服，但避免太过华丽。"服装最吸引人的地方就在于它的简约。此外，如今有多种不同品位而且价格低廉的服装可供挑选，大多数人都能买到适合自己的衣服。如果的确因为一些客观的原因使你不能拥有一套较好的服装，你也没有必要因为衣着寒酸而感到羞耻。那些穿在你身上的衣服是用你自己的钱买来的，与那些穿着依靠别人的钱买的新衣服的人相比，你理应受到自己和别人更多的尊重。只要你是根据自己的经济状况来穿着打扮的，不管显得多么寒酸，你都是着装得体恰当的。任何时候都要注意竭尽全力搞好自己的形象，保持非常整洁清爽的外表，不惜代价维护自己的尊严，如此，即使你处于最糟糕的情况，依然能保持一定风度，而且浑身散发着拥有高贵的气质、无穷的力量和较强的吸引力，这些都会让你赢得他人的尊敬和钦佩。

在很短的时间内赫伯特·H. 弗里兰德就从长岛铁路公司一个铁路段的负责人升到了纽约全部路面铁路负责人的职位。他曾在一次《如何获得成功》的演讲中说道："服装无法改变一个人，但是好的着装让很多人得到了理想的工作。假如现在你想找一份工作，自己只有 25 美元，建议你花 20 美元买一套服装，花 4 美元买一双鞋，剩下的钱呢，刮干净胡子，理理发，并把衣领也弄整洁，然后你就可以去找工作了。这样取得的效果远远大于把钱放在口袋里。"

绝大多数的大公司都规定不聘用那些看起来蓬头垢面、十分邋遢或者不修边幅的求职者。芝加哥最大的零售商店的一位负责招聘的职员说："虽然我们对每一份求职申请进行审核的程序都非常严格，但实际上求职者最终能否被录用，最关键的一点还是其个性特征。"

无论一个求职者多么有才华和能力，他都必须特别注意自己的外在形象。有些注重形象但能力有限的人可能会求职成功，有时候一些才华横溢但却不修边幅的人也有可能遭到拒绝。尽管那些依靠良好的形象而获得一份工作的求职者与那些被拒绝的人相比往往有些肤浅，但是既然他们好不容易才得到这样的机会，他们就会努力将工作做好，即使他们的能力还不及那些被拒绝的人的一半。

招聘录用的这些规则在英国也同样适用，这从伦敦服装商记录中就可以得到印证。那里面提到："那些非常注重个人形象和服装整洁的人，对工作也表现出格外的细致。那些个人生活习惯非常糟糕的工人生产出来的产品也是很不好的，而那些很关注个人形象的工人则相应的很在意他们产品的外观。在柜台后面发生的情况与车间里的状况是一样的。漂亮的售货员小姐往往特别讲究穿衣打扮，她们肯定不会穿脏领口、破袖口的衣服或戴已褪色的领带，难道这不是事实吗？显而易见，对个人生活习惯和外表非常关注往往能够说明这个人细致用心，也表明其对各种不修边幅行为的憎恶。"

所有那些想通过自己的努力创造美好生活、赢得自尊的青年人都会注意因着装太随便而导致的后果，因为"一个人的着装可以反应他的性格"。由于衣着整洁会使人更加优雅和清爽，而破乱肮脏的衣服则会令人感到羞愧和自卑，仿佛没有了尊严。我们的着装毋庸置疑会影响我们的心情和自尊，任何人都可以感觉到哪些是因为穿着合身的新衣所带来的效果，哪些不是。穿着不合适、肮脏的外套特别不利于人的思想和言行。伊丽莎白·斯图亚特·费尔普斯说："注重穿着整洁的意识孕育了道德，仅次于纯净的心灵。熨烫得很好的衣领和崭新的手套已经帮助许多人脱离险境，渡过难关，要是其中出现一些褶皱或撕裂的瑕疵，也许他们都不会成功。"

注意细节是非常重要的，这是衣着得体的人士真正应该做到的，其重要性可以从一位年轻女性没如愿找到理想工作的故事中得到说明。有一位非常有钱且善良的夫人——我们这一代中有很多这样的人，她创办了一所工业学校，让一些女孩子有机会接受良好的英语教育，并学会自力更生。她需要招一位老师兼监管人员，这时，机构的托管人向她力荐一位年轻的女士，她觉得自己非常的幸运，因为大家都夸赞此人的能力、学识以及行为举止等各方面，并且都觉得此人十分合适这个岗位。显然，这个女士具备了所有的素质和条件。可是，在没说任何原因的情况下，夫人坚决不给该女士一个工作的机会。过了很久以后，她的一个朋友问她为何不聘用这个才能卓著的教师，要求她给出一个合理的解释。她回答说："她的失误只因为一件小事。可是在古埃及象形文字中，一件小事包含了很多意思。这位女士来见我时衣着非常的时尚靓丽，但是她的手套却非常的肮脏破烂，并且鞋子上一半的扣子都没有扣好。一个不注重细节的女性绝不适宜做任何女孩的教导者。"可能这个求职者永远也不会知道她为什么最终没能获得这个工作。毋庸置疑，她在各方面都很得体，除了没有注意着装时的细节这个看似不重要的问题。

依靠自我——推倒成功的最大障碍

每一个正常的人都可以做到独立自主,可是很少有人会注重培养自己这方面的能力。 要想依靠别人,仿效别人或是让别人帮你来思考、制订计划和完成工作,这些是非常容易办到的事,可是对你自己却没多大好处。

典型的美国人最大的毛病之一就是,假如他在某方面缺乏领导才能,他通常会觉得没必要好好去挖掘一下自己这方面的才干。

摒弃这种想法,因为你不是一个天生的领导者,你生来就要依靠他人。 你不具有领导才干不能成为你拒绝培养这方面能力的借口。 只有把我们的能力放到实践中去检验后我们才会了解自己有多大的力量。 有很多人已经证明了他们自己是伟大的领导者,他们看上去并不是天才,起初他们只是表现出了独立自主的迹象。

领导者不会仿效他人,他们的想法与众不同。 他们不断思索、不断创新、不断地制订计划并付诸实践。

真理往往掌握在少数人的手中,绝大部分人不过是些平凡民众,他们组成了一个庞大的群体。 但真正能从众人中脱颖而出的人非常之少,但是他们能自食其力。

你所见的人们几乎都在依赖于某物或某人。 有的依赖于金钱,有的依赖他们的朋友,有的依靠他们的外表,有的依赖于他们的家庭。 可是我们很少能看到某个人完全依靠他自己,自食其力,依靠自己的力量去解决生活中的问题。

到后来,我们绝不会原谅那些提供给我们依靠的人,因为我们知道那样剥夺了我们与生俱来的权利。

当一个小孩子的父亲向他展示怎样去做好某事的时候,他是不会满足的。但当他亲身操作做好这件事情的时候,他是那样高兴和满足。这种获得成功的全新感觉会加倍增强他的自信心和自尊。

大学教育不是培养学生的动手能力,而是给学生提供了培养技能的机会。他必须通过实践去学习怎样熟练运用所学的技能。正是这种让人到处碰壁的"社会学校"影响了他的性格,开发了他的潜质。

亨利·沃德·比切尔过去常用下面的一个故事展示他年幼时是如何学会独立的:

一次上课我被叫到黑板前面,我犹豫不决地走上讲台,嘴里还嘀嘀咕咕。

"你必须学会本课内容。"我的老师以一种平静的语调对我说道,但他所有的说教让我觉得都是对我极端的轻蔑。"我只要你知道问题所在,我不需要一切有关你为何没有搞清这个问题的理由。"

"我的确学了两个小时。"

"那对我来讲毫无意义,我只要你弄懂这篇课文内容。你或许可以不花时间学习,又或许会花10个小时,都无所谓。我只要求你弄懂课文。"

要达到老师的要求对一个比较青涩的男孩来说是有点困难的,可是这确实锻炼了我。不到一个月的时间,我强烈感到需要具有独立思考的能力和勇气以便准确无误地回答老师的问题。

一天，当我回答老师提的问题时，他用冷淡而又平静的声音打断了我："不对！"

于是我迟疑了一会儿，然后又重新开始。当我再次说到刚才那个地方时，他又打断了我，用一种坚定的口吻说："不对，下一个。"我不解地坐下，满脸通红。

这位同学起初也被打断了，但接着又继续了下去，直到回答完毕。当他坐下的时候老师表扬了他一句："回答得很好。"

我嘀咕着："为什么我回答的内容跟他一样，你却要说'不对'，为何你不能说'正确'，并让我顺利进行下去？"

仅仅学习课堂上的东西是远远不够的，你必须清楚地认识到这一点。直到你对学到的东西坚信不疑时才能说你真正理解它了。如果所有的人都说"不对"，你却要说"对的"，那么就证明给他们看。

老师在给小学生上课时提供的最大帮助就是教育他们学会独立思考，相信自己有能力去解决问题。如果年轻人没有培养自强自立的能力，那么他以后将很难成功。

1. 依赖是成功最大的障碍

人们都曾有一个最大的误解，即觉得通过别人源源不断的帮助，就可以使自己一直受益。

有雄心壮志的人，其目标就是要掌握权力，而一味地效仿或依赖他人却只会导致懦弱。实力是靠自己的努力得来的，靠整天坐在体育馆里看别人锻炼绝不可能增强自己肌肉的力量。养成依赖他人的习惯极大地削弱了一个人独立生活的能力，一旦你依赖于他人，你将永远不会变得强大。学会自立，否则你永远别想出人头地。

有的人尽可能地为他的孩子们营造良好的环境,希望他们不用像自己一样艰苦地奋斗。 然而他却没有意识到这实际上非常不利于孩子的发展。 他所谓的给他们提供的好条件反而有可能阻碍他们的进步,因为年轻人所需要的是主动性和干劲。 他们生来就有依赖他人、模仿他人的特质,而且他们很容易就会养成这种坏的习惯。 如果你给他们提供拐杖他们就不会独立行走,只要你帮助他们,他们就会依赖你。

使人的意志和韧劲得到锻炼的是自助行为而不是依赖他人,要自力更生而非事事求人。

爱默生曾说过:"不劳而获的人会丧失奋斗的决心。"

接受他人的资助会使你不自觉地认为自己可以坐享其成,因为有人已经为你做好了一切铺垫。 这样的想法会让你萎靡不振,这对你的个人奋斗和自立的精神会造成致命的影响啊。

我所见过的最让人恶心的情景之一是一个身体无恙的青年男子,他有宽厚的肩膀、健壮的小腿,体重达到75千克,却双手插在裤兜里,立在那里伸手乞怜。

你是否意识到你所熟识的某些人正在等待某些幸运之事的降临。 他们中有很多人也不确定他们在等待什么,但他们的确在固执地等待某件事情的降临。 他们有一个不确定的想法:也许幸运之神会垂青他们,有一些很幸运的巧合会发生,或是某种为他们打开幸运之门的事将会发生或者他们将会得到某人的帮助。 因此,他们不必受到很好的教育,不必做过多的准备或是拥有足够的资本,使他们在起步时就比别人具有某种优势。

某些人在等待金钱从天而降,这笔财富可能来自其父亲、一位很有钱的叔叔或其他某个远房亲戚。 还有的人则在等待某种被称之为"幸运"或"辅助"的神秘东西的到来会拉他们一把。

我从未见过这种人,他只懂得等待别人的援助,等别人把钱留给他,或是任何形式的资助,或期待幸运降临到他头上,而最后会获得真正的成功。

一般来说,那些视所有依靠和别人帮助于不见、断了自己所有退路而只能依靠自身奋斗的人最终能获得成功。 自立可以打开成功的大门,自立是能力的代名词。

一个大公司的高级领导最近说,他一直力图把自己的儿子送到另外一家公司去工作,让他在那里经受一些磨炼。 他不希望自己的儿子以跟随他作为工作的开始,因为他担心他的儿子可能会依赖于他,指望着老爸的恩惠。

那些被他们的父亲惯坏的男孩子可以在任何时间进入其公司工作,只要他们愿意,他们可以随时出入公司,这帮人是很少能有所成就的。 只有自信的人才能拥有更强的能力和自信心,只有自力更生、自食其力才能真正地培养一个人。

让一个男孩去依靠他父亲或是某人的恩惠会对他正常的成长造成极大的消极影响。 一个人是很难在一个可以触碰到底的水池里学会游泳的。 一个男孩在能淹没其头部的深水区学游泳将会学得更快,因为他被迫在游和被淹死之间做出选择。 当他切断了自己所有的退路之后,就可以没有障碍地游到岸上。 我们往往喜欢只要有机会就依靠他人,这是人类的本性;不到万不得已不把事情做完,这也是人类的本性。 在我们的生活中往往是那些我们不得不做的事能最大限度地发掘我们的潜力。

可以受到父亲扶持的男孩子总是难以成功,而当他们完全自食其力、被迫去做一些事情或是让自己承担失败的后果时，他们一般都会在短期内使自己的才干大大提高。

一旦你放弃了寻求别人帮助而变得自强不息，你就迈上了通往成功的大道。一旦你摒弃了外部所有对你的帮助，你就会使你的潜在能力有所提高。

2. 丢掉拐杖，自尊自强

在这个世界上，你的自尊是最具价值的，如果你由原来的自己变成另一个坐享其成的人，你就无法维护自己的尊严。一旦你下定决心打算依靠自己的力量努力奋斗，你就会变得极其强大。外力的助推会被你视为一种恩赐，但实际上它却是不幸的祸根，它对人的破坏性很大。你最好的朋友未必就会资助你，真正的朋友会敦促你自己依靠自己，自己解救自己。

在你之前有很多人，他们只有一只胳膊或一条腿，却能很好地生活着；而你有着健康的体魄、强壮的身体，有能力工作，却不想依靠自己的力量。

一个依赖性很强的健康人无法感受到自己是一个真正有出息的人。当一个人拥有一份完全靠自己打拼的工作，他会感到格外的充实、满足和有成就感，这是其他什么事都代替不了的。人的才能在强烈的责任感的驱使下得到进一步的施展。很多年轻人在独立创业后才第一次真正认识到自己的才干，而多年为他人工作的经历都没让他认识到自己的能力。

为他人打工在很大程度上是会埋没一个人的能力的，这样做你会没有动力，没有雄心和激情。即使再任劳任怨，他也无法做到完美。不管他多么的尽职尽责，他都无法做到像上帝所要求的那样。 一个人最大的优点就是独立、有创造力。 如果按照人的本性那样去服务他人，他将永远也无法达到其最高境界。

在平静的海面上驾驶一艘船对一个人技巧和经验的要求并不高。 只有当船只在巨浪滔天、狂风暴雨怒吼的海水中破浪前行时，当船上所有的人都慌乱和无助时，才是真正考验船长控制轮船和驾驶技术的时候。

只有当人的头脑经受最大的考验，当一个年轻人用聪明才智去拯救危局时，他的优点才有可能得到最大程度的发挥。 要使一笔很小的资金支撑一家大型企业成功地运作需要花上数十年的努力。 正是通过不懈的努力来搞好门面，想尽办法地招揽顾客，才会真正让一个青年人的所有品质体现出来。 正是在经济比较紧张、业务前景不容乐观和生活成本比较高的时候，真正的男人才会做出最大的成绩。 只有奋斗才能让人有所进步，让个性得到发展。

对于一个有钱购买文凭证书或者花钱请私人教师来帮助自己突击应付考试的年轻人来说，怎么能让他通过自己的努力打造优秀品质呢？ 他会像某个知道自己身无分文、也不可能有富有慷慨的亲戚朋友的男孩那样埋头苦读、挑灯夜战，利用节假日抽空学习，争分夺秒地来提升自己吗？

一个总是接受他人安排的男孩如何能学会自立和培养出独立自主的男子汉气概呢？ 只有不断地锻炼自己的能力才能使其变得强大，不懈的奋斗才能让人变得有韧劲。

只有当一个人意识到所有的外援都被切断，只有靠自己的努力来决定自己的命运时，他必须要在取得成就和忍受失败的耻辱中间作出选择。 唯有这样他才会使出浑身解数，付出最大的努力去拼搏奋斗。

在一个人被迫陷于孤立无援的境地时，恰恰能显示出一个人最优秀的品质，发挥出他最大的努力。正如在发生了一起严重的意外事故或是突如其来的大灾难时，受害者会爆发出惊人的个人能量。

只有到了我们不得不经受考验，某种巨大的危机点燃了隐藏于我们灵魂深处的力量时，那些自身的潜质才能被我们真正认识到。这种情况只会出现于一些紧急的关头，或是做到了一些不可能完成的事，因为我们不知道要达到一个怎样的程度才能拥有那种力量。

自立所起的作用可以替代朋友、权势、资本、身世或帮助。和人类的其他品质相比，它能帮助人们跨越更多的障碍，攻克更多的难点、办好更多的企业和完成更多的发明创造。

只有自立的人才能走向成功。他在困难面前毫无畏惧，在挫折面前毫不退缩，他坚信自己生来就具有解决一切难题的能力。

很多人碌碌无为的重要原因就是他们害怕做错事，怕承担责任。他们无法形成独立的思想，不敢正面表达自己的观点。他们因害怕得罪别人而不敢坦率行事，他们总是谨慎地试探一下，看看你持的什么观点，或者在他们充分地表达自己的看法之前先看看你是否赞同他们的观点。于是，他们的立场会因你的立场稍加修改。

喜欢真诚是人类共有的天性。这是因为真诚之人不仅有主见，而且敢于坚持和维护自己的观点；他们有自己的信仰，并为此而活着；他们一辈子都不会背叛自己的信仰。

我们对于那些随波逐流之辈总是心怀鄙视。他们总是担心与我们的看法相反，或是冒犯到我们。而对于那些把目标定在狭隘的视域范围之上、有勇气和毅力坚持自己的路线、做自己应做的事而对别人的批评不加理会的人，我们不仅钦佩有加，而且愿意仿效。即使暂时被人误解，他们也不会泄气，因为他们知道：只有那些富有远见的人才能懂得他的良苦用心。有着长远打算的人，其目标在短时期内一般是不会有明显效果的。

有一种看法为大众所推崇：你的存在对这世界是有意义的，你可以为他人提供帮助，你要扮演好自己那无法被替代的角色，因为每个人在人生大舞台上都有自己的角色。倘若没能演好自己的角色，你一定会觉得好像缺少点什么。每一个人的降生，都有着特定的使命，都应该对自己有个明确的定位，成就就是来源于这种压力。也只有如此，生命才可能被赋予全新的意义。

守护自我——走向成功和幸福

人们的思维活动来源于精神上的一些景象。这些头脑中的图画被复制到生活中,反映在人们的品性上。这些意识的景象就这样被不断变化的物质世界转化为现实存在了。

倘若让混乱、嫉妒、腐朽等成功和幸福的敌人进入到头脑中,偷走心灵的安慰,夺走精神上的宁静,那么,人们的生活就会了无生趣。与其如此,还不如让小偷进入你家,将钱财和物品洗劫一空,后者比前者要好上一千倍。

无论如何,你都坚决不能让那些病态的、杂乱的、腐朽的思想进入到你的头脑中。清晰的头脑和纯净的思想是获得任何成功的必要前提。要让自己的精神圣地远离不良的思想,保持纯洁和自由。

一旦你的脑海中产生了杂乱的想法、病态的情绪,情况就会恶化,你的头脑会变得更加混乱。一旦这样的念头在你心中产生,它就会成千倍地蔓延开来,后果将十分可怕。因此,一定要与杂念、错误或病态的心理脱离一切关系。它们会腐蚀自己接触到的任何事物,带来毁灭性的后果,它们会剥夺一个人的希望、幸福和能力。把所有那些黑暗的景象和阴暗的图画全都从大脑中驱逐出去,它们只会意味着道德的败坏、失败、对雄心壮志的摧残以及希望的破灭。

我们的思想要时刻警惕那些阻碍我们获得成功和幸福的敌人的入侵。除了那些进驻我们思想的敌人之外,真正意义上的敌人是不存在的，这些敌人的产生来自我们的激情、偏见和自私。

我们是如此的豁达大度，我们必须做正确的事情，走正确的道路，我们必须保持思想的纯洁和真实，不要自私自利，而应该宽宏大度、富有爱心。否则，我们将无法获得真正的身心健康、成功和快乐，只有身心融合才是最健康的状态。

如果我们从小就学会时刻保持警惕，不要让任何具有毒害的思想进入我们的头脑，而要牢记积极进取、勇往直前的观念，因为这些观念能带给我们振作和希望，这样我们就可以少走弯路，提高效率。我所了解的是，一阵子难过的心情及几个小时的压抑、郁闷比努力工作几个星期对人的消耗还要多。

我们有时会见识到精神力量的强大。常见的情形是巨大的悲伤、失望或一次短期内巨大的经济损失会使一个人的外观发生非常大的变化，甚至朋友都不认识他了。精神上的痛苦熬白了人的头发，而它还像魔鬼一样笑得脸上都是皱纹。

嫉妒心给一个人在短期内造成的损害是极其可怕的，它会破坏一个人的消化系统，使其殚精竭虑、逐渐丧失活力、产生错误的判断，它会毁灭一个人的生活。

当狂怒侵蚀我们的精神世界后，我们会遗憾地发现它给我们的希望、幸福和雄心壮志带来了毁灭性的打击。

如果人们从小就学会这种思考艺术的话，那么当他们长大成人之后就会十分轻松地让这种情况不会发生。他们给自己的精神世界带来的是美丽、平衡和宁静，而不是由有害的思想所制造的破坏。

现实生活中，我们知道烫的东西会把我们灼伤，锋利的工具会把我们弄伤，受伤会让我们很难受，所以，我们就会竭力避免被这些物品伤害，并尽情享受那些给我们带来快慰的事情。为什么我们很容易就能学会趋利避害呢？但在人的精神世界里，我们为什么会不断地受到那些破坏性思想的侵害呢？我们受到这些不良情绪的影响和错误思想的毒害是如此之深，但我们却想不到要去排除给我们造成这些痛苦的因素。

倘使你的心态一直很好，让美好的思想、慷慨、宽容和慈善的思想，让仁爱、真实、健康与和谐的思想永驻心间的话，那些杂乱和龌龊的思想就会随之烟消云散。这两种截然相反的思想是不可能同时存在于头脑中的。正确思想会驱散错误的思想，和谐会取代杂乱，而美好的事物则会代替邪恶。

这些多样的思想所带来的不同影响是我们大多数人都无法理解的。我们都知道一种振奋人心、乐观的、值得鼓励的思想是如何给人带来一阵兴奋和一种幸福感并且令人重振精神的。我们可以感到这种感觉从身体跑到了指尖，这种快乐的感觉以闪电般的速度快速地弥漫到我们全身，一种新的希望和一段新的生活也随之而来。

那些能保持自己思想正确的人懂得把绝望的事情看成希望的事情，用勇气来替代胆怯，用坚强的内心来掩盖犹豫、怀疑和迟疑。那些通过用一些友好的思想，乐观的、勇敢的和充满希望的态度来武装自己头脑的人能抵抗敌人在成功道路上对他们的侵犯。这种人相对于那些精神上的受害者来说具有非常大的优势。他所能取得的成就比那些虽然无法控制他们情绪但更有才华的人要大得多。

你不能太过自信，断言自己是真理、美丽和爱的化身，要尽可能地努力让这些品质在自己身上体现出来，与此同时让内心的各种恶念处于被压制的状态。要对自己说："当每一次仇恨、凶恶或者自私报复等思想侵袭的时候，都会使自己受到不良影响，对自己平静的心态、幸福的生活、高效的作风带来致命的打击。这些敌对的抵触思想会使我们前进的步伐放慢，我们必须通过抑制它们而迅速地摧毁它们。"

不管它是恐惧、是忧虑、是担心、是嫉妒，还是自私，这些都不重要，重要的是我们能否驱除这一某种意义上来说是我们致命的死敌的东西。

焦虑、担心、嫉妒、坏脾气还有堕落的性格，都意味着你的头脑中有病态的思想，或者是慢性的或者是急性的；任何一种不和谐或者不快乐的迹象都能有力地说明：问题的确出现在你身上了。我们总有一天会意识到，正是这种埋怨或者仇恨的思想，这种自私的阴影和焦虑的心理影响了我们本已脆弱的神经。即使是暂时地被一些小的对抗性的思想所抨击，它在我们生命中留下的阴影也是抹不掉的，甚至会重创我们的事业。

当一些令人担忧、焦虑、生气、仇恨和嫉妒的事情混杂在一块儿时，你会发现这些事情会以惊人的速度消耗你的精力和活力。造成的这些损害不仅对你没有好处，还会破坏你大脑的整个精密运转系统，导致你提前老去甚至过早而亡。担忧、恐惧和自私的心理给我们自身造成了非常大的损害，它们腐化了我们的身心，破坏了我们机体的协调和平衡，并使我们做事的效率降低。然而，与之相反的心理则会带来截然相反的结果。它们能让人的精神压力得到缓解，而不是让人感到烦躁不安；它们提高了人的工作效率，增强了大脑的活动能力。5分钟的强烈愤怒给人体各组织、器官造成的伤害是难以想象的，以至于要恢复受伤的机体可能要花上几周或者几个月的时间，甚至再也不能恢复过来了。恐惧或一次大的惊吓已经好多次让人的头发永久地白了，并且在人的脸上也永久地刻下了岁月的记号。

但是，一旦我们意识到这些情感和各种各样兽类的激情影响了人们的身体状况和精神状态时，意识到它们给人的精神世界产生了极为消极的影响时，意识到它们带来的恶果就是使人遭受苦痛和折磨，使人的身体因受到伤害而变得难看和畸形时，这种时候我们应该学会让这些情况避免出现，就像避免身体的疾病一样。任何人都不愿意我们人类面临苦难，人们应该使自己高兴、永远快乐、幸福安康。

那些事情我们看来之所以是杂乱、矛盾的，只是因为它们缺少某种自然的和谐，正如黑暗本身并不是作为一个实体存在而是因为缺少光明一样，和谐是随着矛盾的消失而出现的。

我们内心最崇高的思想和情感是可以被对他人的爱心、善心、仁慈和宽容激发出来的。它们让人保持旺盛的活力和高昂的情绪；它们对身体的健康、和谐有利；它们让一切都顺其自然，使我们与上帝保持一致。

只要我们的思想能保持统一、完整，并让其免遭敌对、邪恶思想的侵害，我们就能解决科学上生存的难题。和谐的音符是一个训练有素的头脑在任何条件下都可以提供的。

每个人都在构建自己的世界和自己需要的环境。他可能会使其充满了困难、恐惧、疑惑、绝望和阴暗，那么他的生活将会充斥着阴影和灾难；当然他也可以通过驱除头脑中那些阴暗的、恶毒的、嫉妒的想法来打造一种甜蜜、透彻和清新的氛围。

当道德观念充满你的头脑，所有不和谐的因素便会消失。当你保持一种积极创新的态度，所有那些负面的因素——阴暗和杂乱的思想——就会逃之夭夭。阳光之下不允许黑暗存活，繁杂也无法与和谐共存。如果你的思想始终保持和谐统一,那些不和谐的因素就不会进入你的脑海中;如果你坚持真理,谬误会再也没有踪影。

《思考的人》的作者詹姆斯·E.艾伦在书中说道:

在一个人想取得任何成就,即使是世俗的成就之前,他必须把兽性的、奴性的成分从自己的思想中清除出去。为了成功,他不得不牺牲人性中的一部分东西。如果一个人的思想充斥着兽性,那么他既不能有条理地工作也不能清晰地思考。他无法发现和发展他潜在的资质,他会在任何事情上失败。他无法控制自己的思想,也就不能控制任何局面,或是承担严肃的责任,无法独立地去行动。事实上他只是用自己选择的思想把自己束缚了。

进步和成就是用牺牲换来的。衡量一个人所获得的世俗成功的标准,应包括他所抛弃的混乱的动物性思想,他将专注于他的计划,增强他的决断力和独立性。他的思想越是高尚,他也就会更有男子气、更正直、更坚定,他的成功也会更巨大,因而他的成就也会随之长久。

世界厌恶贪婪者、虚伪者、恶毒者,虽然从表面上有时不是这样的。世界钟情于诚实者、宽宏大量者、高尚者。各个时代所有伟大的导师们都用这种方式证明了这一点。一个人必须坚持正确的思想才能证明这一点,从而使自己越来越高尚。

一个人的成就,无论其形式如何,都是因其拥有无误的思想。通过自我控制、果断、纯洁、正直和积极的思考,一个人可以得到升华；相反，兽性、懒惰、肮脏腐化和混乱的思想则会让一个人最终堕落。

　　一个人可能在世界上取得巨大的成功，甚至在精神领域获得极高的成就，但是如果他放松自己，允许他的头脑被傲慢、自私和腐化的思想占据，那他会再一次退回到软弱、悲惨的境况中去。